鱼、空心菜

·立体种管技术·

主　编　张文香　孙国梅

副主编　倪印宏　李　欣

编　委　刘玉霞　白大伟　孙晓军
王　祥　徐　军　于国生
项　建　张　杰

图书在版编目(CIP)数据

鱼、空心菜立体种管技术/张文香,孙国梅主编. —北京:科学技术文献出版社,2012.9

ISBN 978-7-5023-7362-7

Ⅰ.①鱼… Ⅱ.①张… ②孙… Ⅲ.①淡水鱼类-鱼类养殖②绿叶蔬菜-蔬菜园艺 Ⅳ.①S965.1②S636.9

中国版本图书馆 CIP 数据核字(2012)第 125316 号

鱼、空心菜立体种管技术

策划编辑:孙江莉 责任编辑:杜新杰 责任校对:唐 炜 责任出版:王杰馨

出 版 者 科学技术文献出版社
地 址 北京市复兴路 15 号 邮编 100038
编 务 部 (010)58882938,58882087(传真)
发 行 部 (010)58882868,58882866(传真)
邮 购 部 (010)58882873
官方网址 http://www.stdp.com.cn
淘宝旗舰店 http://stbook.taobao.com
发 行 者 科学技术文献出版社发行 全国各地新华书店经销
印 刷 者 富华印刷包装有限公司
版 次 2012 年 9 月第 1 版 2012 年 9 月第 1 次印刷
开 本 850×1168 1/32 开
字 数 133 千
印 张 5.5
书 号 ISBN 978-7-5023-7362-7
定 价 14.00 元

前 言

养殖水体由于饵料残渣及水生动物粪便的日积月累，容易造成水体富营养化。为了调节水质，通常的做法是投放化学药物，但是水产品的安全则需经受严峻的考验。而通过水中养鱼、水面种菜的立体循环养殖新模式，不仅可以用栽培蔬菜来代替化学药物调节水质，而且节省了肥料和土地资源，并能有效降低水中的氮、磷和亚硝酸盐，稳定水体 pH 值，从而达到以自然的方法净化养殖水体水质的目的，培植出的空心菜由于没有受到农药等污染，是纯天然绿色食品。在人们崇尚绿色食品的今天，水上栽培的空心菜在市场上非常受欢迎。

水上空心菜栽植，可充分利用水面资源，实现“水下养鱼，水上种菜，菜的下脚料养鹅、鸭”的立体种养模式。可促进农业资源的合理有效配置，实现农村产业结构的优化调理升级。对地方政府及其职能部门充分贯彻和实施“十一五”规划及中央文件的有关农业规划和发展相关精神具有重要的指导作用。

水上栽植空心菜，对充分挖掘和提高水面利用率，有效促进农民增收和农村经济的发展起到积极的引领作用。通过对该项技术的有效推广，可使能栽植蔬菜的水面都能合理有效地栽上蔬菜，实现水上、水下的双丰收，这必将为农村经济的发展增添新的亮点，为农民增收开辟一条新的途径。

水上浮床技术改变了以往水体污染物净化只有投入没有产出的状况，可同时获得生态效益和经济效益，可以更好地调动农民的积极性，从而使得这一技术具有更为广阔的应用前景。

为了推广此项种养新模式，笔者组织了相关人员，并参考了相关文献资料，编写了本书。但水面浮床栽培，不同的湖泊、水库、河流、池塘，其水流、温度、风速、水体波动等都各不相同，很难制定一个统一的标准，因此，本书仅提供一些共性技术，作为各地湖泊、水库、河流、池塘管理时参考。

由于笔者水平所限，书中缺点错误之处，希望广大读者及生产科研人员提出意见和建议，在此表示感谢。

编　者

目　录

第一章　鱼、空心菜立体种养概述

通过在湖泊、水库、河流、池塘（池塘是指坑塘、平塘、塘坝、壕沟、人工池、各种人工修建和自然形成的小型静水体）实行人工浮床鱼菜立体循环养殖模式（图 1-1），一方面，鱼粪成为水中栽培蔬菜最好的肥料；另一方面，蔬菜为鱼的生长提供良好的环境。这种新型的循环种养模式，不仅可改善养殖水体的水质，而且做到了“水下养鱼，水上种菜，菜的下脚料养鹅、鸭”的立体种养模式，是值得大力推广的种养新模式。

图 1-1　鱼、菜立体养殖模式截面示意图

人工浮床又称人工浮岛、生态浮床(生态浮岛),最早应用于地表水体的污染治理和生态修复。近年来,随着我国人工浮床技术的开发及技术的日益成熟,已开始应用于富营养化养殖水体。

水面浮床的净化原理,一方面,表现在利用表面积很大的植物根系在水中吸附水体中大量的悬浮物,并逐渐在植物根系表面形成生物膜(图 1-2),膜中微生物吞噬和代谢水中的污染物成为无机物,使其成为植物的营养物质,通过光合作用转化为植物细胞的成分,促进其生长,最后通过收割浮床植物和捕获水产品减少水中营养物质;另一方面,浮床通过遮挡阳光抑制藻类的光合作用,减少浮游植物生长量,通过接触沉淀作用促使浮游植物沉降,提高水体的透明度,其作用相对于前者更为明显,同时,浮床下可为鱼类提供良好的栖息环境。

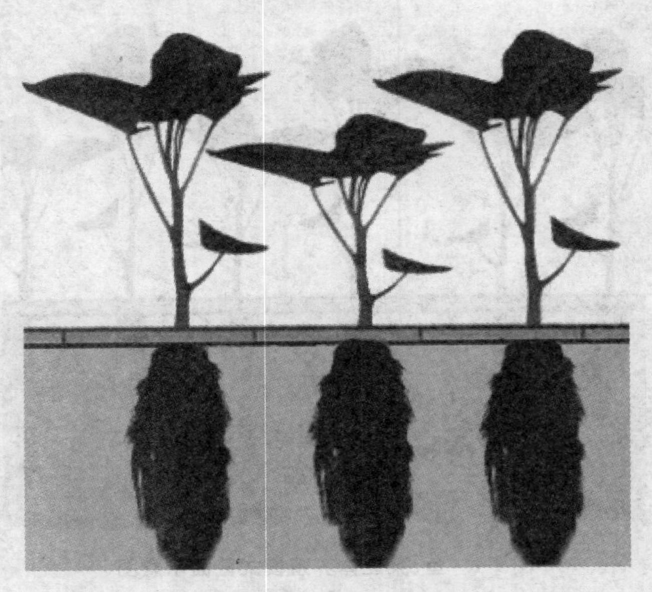

图 1-2　植物根系表面形成的生物膜示意图

第一节　水面浮床栽培简介

水体富营养化是全球性的水环境问题，我国90%以上的水域污染是因水体中的氮、磷含量过高而引起的富营养化造成的，而氮、磷则是植物生长最基本的必需营养元素。生物浮床技术就是以可漂浮材料为基质或载体，将水生植物或陆生植物栽培到富营养化水域中，通过植物的根系吸收或吸附作用，削减水体中的氮、磷及有机污染物质，从而起到净化水质的生物防治法。目前，一些文献中出现的“生物浮岛”、“人工生物浮床”、“生物浮床”、“人工浮岛”、“浮床无土栽培”等均为相同或类似的概念。

水面浮床栽培技术是一项水环境治理与生态修复相兼顾的实用技术，其内涵是运用无土栽培技术原理，以漂于水面的浮体作为栽培植物的基质或载体，实现植物的水中栽培，并能取得与陆地种植相仿甚至更高的收获量。其对水体的净化与修复作用主要包括植物对氮、磷等营养物质的直接吸收利用和对有机污染物的促降作用；植物根系、浮床和基质在吸附悬浮物的同时，为微生物和其他水生生物提供栖息、繁衍场所，并起到一定的美化作用。

1. 基质或载体的分类

水面浮床从构建方式可分为干式和湿式两种。

(1)干式浮床：水生植物不接触水体的浮床为干式浮床。干式浮床植物根系与水体不接触，可改善水面景观，提高绿化率，但是不能够吸收水体中的氮、磷等离子，对水体没有净化作用。

(2)湿式浮床：植物接触水体的浮床为湿式浮床。湿式浮床解决了干式浮床不能净化水体的缺点，并且湿式浮床比干式浮床有更多的构建材料可供选择。因此，池塘浮床栽植蔬菜，只能采取湿式浮床栽培方式。

2. 水面浮床技术的原理

水面浮床技术治理水环境与生态修复的原理，是通过植物在生长过程中对水体中氮、磷等植物必需元素的吸收利用，及其植物根系等对水体中悬浮物的吸附作用，富集水体中的有害物质。与此同时，植物根系释放出大量能降解有机物的分泌物，从而加速了有机污染物的分解，随着部分水质指标的改善，尤其是溶解氧的大幅度增加，为好氧微生物的大量繁殖创造了条件，通过微生物对有机污染物、营养物的进一步分解，使水质得到进一步改善，最后，通过收割浮床上的植物和捕获水产品来减少水中的营养物质，将氮、磷等营养物质以及吸附积累在植物体内和根系表面的污染物搬离水体，使水体中的污染物大幅度减少，水质得到改善，从而为各种生物、微生物提供适合栖息、附着、繁衍的空间。在水生植物、动物和微生物的吸收、摄食、吸附、分解等功能的共同作用下，使水体生态环境得以修复，并形成一个良好的自然生态平衡环境。

3. 水面浮床的构成

水面浮床栽培系统由浮体部分、植物定植部分、植物种苗或植株、固定部分四大部分组成。

(1)浮体部分：水面浮床浮体部分的主要作用是承重与支撑植株以分离水陆界面，以免植物全株淹没水中影响生长。浮体部分的材料要求耐水浸、不易腐烂、无污染、植物可以在上面正常地生长，因此，可供选择的范围非常广泛，但是考虑到施工工艺和造价，目前，所用的浮力材料大部分为竹子、聚苯乙烯发泡塑料、木头、PVC 管等，但使用寿命有差异。

①竹子浮床(图 1-3)：竹子浮床具有浮力效果好、结实、耐水浸、无污染、成本低，原料易购得，经过处理后不易爆裂等诸多优点，在实际生产中应用非常普遍。一般用直径较粗竹子做的浮

床可以连续使用 5 年左右，直径较小竹子做成的浮床，可以连续使用 3 年左右。

图 1-3　竹子浮床

②聚苯乙烯发泡塑料板浮床（图 1-4）：塑料板浮床质量小、浮力好，但存在着成本较高、浮床作废后降解困难等问题，有条件的可以购买。

图 1-4　聚苯乙烯发泡塑料板浮床

③PVC 塑料管材浮体（图 1-5）：PVC 塑料管材是近几年兴起的建筑材料，具有重量轻、寿命长等特点，经密封处理后制成

的 PVC 塑料管材浮体在生产中应用也不少。

图 1-5　PVC 塑料管材浮体

(2)定植部分：定植部分可以是简单的海绵包缚定植，也可以用底部有筛孔的组合式塑料定植篮(图 1-6)或 PVC 塑料管材截成筒状做成的定植钵(图 1-7)。固定时，在浮体内用尼龙绳从定植篮或定植钵的小孔穿过，使定植篮或定植钵相互连接并固定在浮体上。

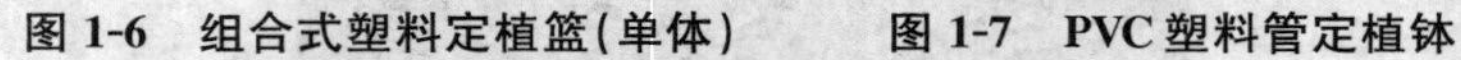

图 1-6　组合式塑料定植篮(单体)　　图 1-7　PVC 塑料管定植钵

(3)人工浮床的固定部分：人工浮床的固定是一个较为重要的设计内容，既要保证浮床不被风浪带走，还要保证在水位剧烈变动的情况下，能够缓冲浮床和浮床之间的相互碰撞。因此，池塘浮床固定形式要视水体状况而定，常用的有锚固式、绳固式等。一般池水较浅，可采用锚固式，如木条固定等；如果池水较深，可采用软绳固定到岸边等。

另外，为了缓解因水位变动引起浮床间的相互碰撞，一般在浮床和水下固定端之间设置一个小型的浮子（图 1-8）。

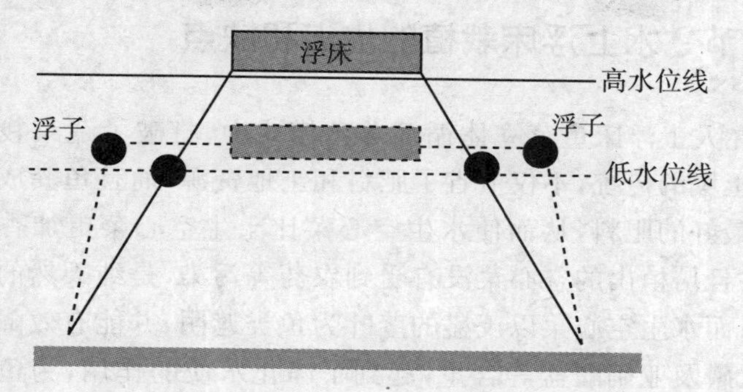

图 1-8　浮床高、低水位浮动示意图

4. 大小和形状

浮床一般边长 1～5 米不等，考虑到搬运性、施工性和耐久性，边长 2～3 米的比较多，形状上四边形的居多，也有三角形、六角形或各种不同形状组合起来的。总之，选择的形状以建造方便、易施工为原则。

施工时，各单元之间留有一定的间隔，相互间用绳索连接（连接形式因人工浮床的制造不同而各异），这样做的理由有以下 4 点：

（1）可防止由波浪引起浮床的撞击破坏。

（2）可降低造价。

（3）单元和单元之间可作为鱼类良好的产卵场所、生物的移动路径。

（4）增加水质净化作用。

5. 布设规模

池塘人工浮床的布设规模，一般以不超过 30％的水面为宜。

为了防止浮头和泛塘的出现,也可多栽植一些空心菜,采取宁可少收空心菜,也要保证鱼类安全的措施。

第二节 水上浮床栽植的优点和缺点

在人工浮床鱼菜立体循环养殖模式中,打破了蔬菜栽培离不开土壤的传统,不仅节省了肥料和土地资源,而且鱼粪成了空心菜最好的肥料,从而使水生空心菜比土生空心菜更加香脆嫩气,并且培植出的空心菜没有受到农药等污染,是纯天然的绿色食品;而水生空心菜以茂盛的茎叶为鱼类遮阴,并能有效降低水中氮、磷及亚硝酸盐等含量,起到了净化水质的作用,为鱼类提供良好的生态环境,是一种非常实用先进的种植模式。

1. 优点

(1)易于制作、搬运和拆解:浮岛浮体可大可小,形状变化多样,易于制作、搬运和拆解。

(2)投资少、见效快、维护简单:人工浮床的治污原理是利用生物的自然生态习性,在富营养化的水体中吸收、吸附、消化和降解水中的有机污染物,因此,无需专业的机械设备以及化学药剂的投入,可以节省大量的费用开支,减少动力、能源和日常维修管理费用,具有投资少、见效快、节约能源、运行性能稳定、日常维护简单等优点。

(3)生产出的蔬菜是绿色、有机、无公害食品:空心菜水上栽植、水上管理、水上采收,不施农药,不施化肥,新鲜、安全,是真正意义上的绿色、无公害食品。

(4)水上空心菜内在品质好:水上空心菜因其大量吸收水分及其水中营养,菜叶和菜体鲜嫩,清脆,菜叶肥大,口感特别好。

(5)填补夏季高温时期叶类蔬菜的空白:夏季烈日高温,无论下雨或是干旱,叶类蔬菜都很难种植,即使有少量小青菜等,多数含有农药残留，而6～9月份却是水上空心菜的采收供应旺季，它的上市能有效缓解了夏季高温时期叶类蔬菜的脱供局面，保障了农产品的有效供给，深受广大消费者的喜爱。

(6)开辟增收新途径：水上空心菜栽植，对充分挖掘和提高水面利用率，有效促进农民增收和农村经济的发展起到积极的引领作用。通过对该技术的有效推广，可实现水上、水下的双重丰收，必将为农村经济的发展增添新的亮点，为农民增收开辟一条新的途径。

(7)增加就业机会：水上空心菜研究与繁育，能新增许多就业空间，拓宽社会的就业渠道。

2. 缺点

经过多年的研究发展，水面浮床技术得到了极大的完善，但仍存在一些问题和不足。

(1)水面浮床栽培不易进行标准化推广应用：不同的湖泊、河流、池塘，其富营养化水平不同，水流、温度、风速、水体波动等都各不相同，很难制定一个统一的标准予以推广应用。

(2)难以推行机械化：水面浮床漂浮在水面上，日常的管理均在水面上完成，目前，其管理操作大多采用人工完成，在小面积的试验示范中尚可，若大面积推广，需要经常、及时采收，人工操作就不能满足需要，限制了其发展。

第三节　水上浮床的应用前景

水上浮床技术改变了以往水体污染物净化只有投入没有产出的状况，可同时获得生态效益和经济效益，可以更好地调动养殖者的积极性，从而使得这一种养模式具有更为广阔的应用前景。

1. 生态效益

水面浮床的投放，在富营养水域种植蔬菜，吸附、吸收利用了水体中的营养物质，进行原位处理，不另外占用土地，改善了水面景观。同时，浮床本身具有适当的遮蔽、涡流、饲料等效果，创造了一个良好的生态小环境，构成了鱼类生息的良好条件，提高了生物多样性。

2. 经济效益

与富营养化水体治理的传统技术相比，人工生物浮床的建设、运行成本较低。

同时，随着我国经济的迅猛发展，湖泊、水库、河流、池塘等水体的水质污染已日趋严重，富营养化程度不断加深。因此，净化水质、改善水域生态环境亦成为重大的社会问题。

水上浮床技术是集物理、化学以及生物防治的综合防治方法，能同时获得生态效益与经济收益，具有单一防治方法所不具备的优势。虽然目前生物浮床技术仍存在一些问题，但随着研究的深入与技术的成熟完善，生物浮床技术必将在富营养化水体的净化中起到重要作用。随着水上空心菜项目的不断推广，其产量必将飞速增加；同时，由于其内在品质深受广大消费者的喜爱，水上空心菜的深加工必然成为趋势，届时产品的附加值将得到进一步提升。

另外，国际市场对蔬菜进口要求非常苛刻，但同时它的价格也相当之高。水上空心菜本来就因其内在品质相当高而为人熟知，因此，水上空心菜的出口创汇指日可待。

第二章　鱼、菜立体栽植水面的选择与清整

在湖泊、水库、河流、池塘养鱼是我国淡水鱼养殖的主要形式，其中池塘指坑塘、平塘、塘坝、壕沟、人工池、各种人工修建和自然形成的小型静水体等。

第一节　栽植水体的选择

把空心菜从陆地移栽到水面浮床之前，选择好水体是一个非常重要的环节，因为水质的好与坏，是空心菜移栽水体浮床后能否正常生长的关键。

原则上讲，只要有水面的地方，湖泊、水库、河流、池塘都可以利用浮床栽培空心菜。因为有鱼生长的地方，水一般不会被污染，但要注意，不能选择养殖小龙虾的池塘，因为空心菜的根是小龙虾最喜欢吃的食物(小龙虾攀爬能力强，防护网对其不起作用)。如果在养有草鱼的池塘栽植，也要对浮床进行必要的保护。

如果不是养殖鱼塘的水面，就必须要通过权威部门的检测，才能决定是否适合栽植空心菜。检测以后，如果水的 pH 值为 5.5～6.5，水的农药残留等数据都符合标准的话，就可以用来栽植空心菜。另外，河流的大小没有规定，一般容易管理就可以。

因为湖泊、水库的水温比其他水体的水要低 5℃以上，空心菜又是喜高温的蔬菜，所以在湖泊、水库栽植空心菜，比池塘栽

植产量有所降低。

在实际调查中发现，湖泊、水库、河流的富养营化程度低，并且缺乏共性，远没有池塘分布广泛，因此，本书主要以池塘种养为重点进行介绍。

池塘养殖除具有投资小、收益大等一般优点外，尚因其是小型水体，无论是水质还是敌害都较易控制，操作管理比较简便。

第二节　池塘环境条件

饲养食用鱼的池塘环境条件包括池塘位置、水源和面积、水深、土质、水质以及池塘形状与周围环境等。在可能的条件下，应采取措施，改造池塘，创造适宜的环境条件以提高池塘的经济效益。

1. 池塘位置

要选择水源充足、水质良好，交通、供电方便的池塘。这样既有利于注水、排水，也有利于产品、饲料等的运输和销售。

2. 水源

饲养食用鱼的池塘需要经常排、注新水调节池塘水质，并要保持一定的水位，因此，池塘应有良好的水源条件，并且要有独立的注水、排水系统，单注单排，避免互相污染，不能只靠池塘死水养鱼(死水池塘养鱼，鱼长得慢且易得病)。死水改活水是池塘养鱼的一条普遍经验。

水量充足、清洁、不带病原生物以及人为污染等有毒物质，水的物理和化学特性符合国家渔业水质标准的河水、湖水或水库水、井水等都是养鱼的良好水源。在工业污染和市政污染水排放地带的养殖池塘，要修建蓄水池，水源要经沉淀净化或必要的消毒后再灌入池塘中，防止病原从水源中带入。

3. 面积

饲养食用鱼的池塘面积，成鱼池塘一般为 7～15 亩（1 亩≈667 平方米），种鱼池塘一般为 3～5 亩，繁殖池塘一般为 1～2 亩。

池塘面积大，鱼的活动范围广，受风力的作用也较大，风力不仅增加溶氧，而且还可使池塘上下水层容易混合，改善下层水的溶氧条件。但面积过大，投饵不易均匀，水质也不好控制。捕鱼时，一网起捕过多，分拣费时，操作困难，稍一疏忽，容易造成浮头或泛塘事故。

4. 水深

池塘水深是指池底至水面的垂直距离，池深是指池底至池堤顶的垂直距离。

按蓄水深度，成鱼池水深一般为 2～2.5 米，鱼种池水深一般为 1.5～2 米。水太浅，池塘水温周日变化巨大，饵料生物的产量低，鱼类活动空间太小，不利于池塘密养高产。池水过深，塘水上下混合，下层水容易缺氧，不利于池中鱼类及饵料生物的生长。

5. 底质

饲养食用鱼池塘的底层以壤土为好，这样的底层保水保肥能力适中，池水不致太浑，底泥不会过深，饵料生物生长好，便于操作管理。

黏土底质透水性低，利于保水保肥，但因其土壤颗粒过细，池水易浑浊，底泥往往太深，吸附能力又强，很多营养盐类都被吸附在底泥中，不能被浮游生物所利用。

6. 池塘的形状

池形一般要保持长方形，但以东西长而南北宽的长方形池为最好，其优点是池埂遮阴小，水面日照时间长，有利于植物的光合作用，并且夏季多东南风和西南风，水面容易起波浪，池水能自然增氧，可减少鱼类浮头的几率。

长方形池的长宽比以 5∶3 为最好，这种长方形有利于饲养管理和拉网操作，注水时也易造成池水的流转。池塘周围不应有高大的树木和房屋，以免阻挡阳光照射和风的吹动。

7. 池埂

池塘塘埂一般用匀质土筑成，埂顶的宽度应满足拉网、交通等需要，一般为 1.5～4 米。

池埂的坡度大小取决于池塘土质、池深、护坡的有无和养殖方式等。一般池塘的坡比为 1∶(1.5～3)，若池塘的土质是重壤土或黏土，可根据土质状况及护坡工艺适当调整坡比，池塘较浅时坡比可以为 1∶(1～1.5)。

8. 池底形状

养殖池塘的池底一般可分为锅底、倾斜和龟背 3 种类型。

(1)锅底型：即池塘四周浅，逐渐向池中央加深，整个池塘形似铁锅底。此类鱼池，干池排水需在池底挖沟，捕鱼、运鱼挖取淤泥十分不便。

(2)倾斜型：其池底平坦，并向出水口一侧倾斜。此类池底干池排水、捕鱼均方便，但清除淤泥十分不便。

(3)龟背型：其池塘中间高(俗称塘背)，向四周倾斜，在与池塘斜坡接壤处最深，形成一条池槽，整个池底呈龟背状，并向出水口一侧倾斜。这样排水干池时，鱼和水都会集中在最深的集鱼处，其排水捕鱼十分方便，运鱼距离短。而且塘泥主要淤积在池底最深处的池槽内，多余的淤泥就容易清除，修整池埂可就近取土，其劳动强度较小。

此外，龟背型池形结构在拉网时，只需用竹篙将网下纲压在池槽内，使整个下纲绷紧，紧贴池底，鱼类就不易从下纲处逃逸，可大大提高低层鱼的起捕率。

9.进排水设施

(1)进水闸门、管道:池塘进水一般是通过分水闸门控制水流通过输水管道进入池塘,分水闸门一般为凹槽插板的方式,我国很多地方采用PVC弯头拔管方式控制池塘进水,这种方式防渗漏性能好,操作简单。

池塘进水管道一般用水泥预制管或PVC管,较小的池塘也可以用PVC管或陶瓷管。池塘进水管的长度应根据护坡情况和养殖特点决定,一般为0.5～3米。进水管太短,容易冲蚀塘埂;进水管太长,又不利于生产操作和成本控制。

池塘进水管的底部一般应与进水渠道底部平齐,渠道底部较高或池塘较低时,进水管可以低于进水渠道底部。进水管中心高度应高于池塘水面,以不超过池塘最高水位为好。总进水管末端应安装40目的加密尼龙网,防止野杂鱼、敌害生物和杂物进入池塘。

(2)排水井、闸门:每个池塘一般应有一个排水井。排水井采用闸板控制水流排放,也可采用闸门或拔管方式进行控制。拔管排水方式易操作,防渗漏效果好。排水井一般为水泥砖砌结构,有拦网、闸板等凹槽。池塘排水通过排水井和排水管进入排水渠,若干排水渠汇集到排水总渠,排水总渠的末端应建设排水闸。

排水井的深度一般应到池塘的底部,可排干池塘全部水为好。有的地区由于外部水位较高或建设成本等问题,排水井建在池塘的中间部位,只排放池塘50%左右的水,其余的水需要靠动力提升,排水井的深度一般不应高于池塘中间部位。

第三节　种养环境的清整

为了恢复鱼池的肥力，改善池塘底质状况，减少泛塘危险，提高鱼产量，凡养过鱼的池塘和蓄水多年的池塘，在放养鱼种前都要进行一次性修整和清理。

一、池塘的清整

良好的池塘条件是获得高产、优质、高效的关键之一。目前，我国对高产稳产食用鱼养殖池塘的要求是：面积适中，一般养鱼水面以7～15亩为佳；水深一般为2.5～3米；有良好的水源和水质，注水、排水方便；池形整齐，堤埂较高较宽，大水不淹，天旱不漏；池底最好呈“龟背型”或“倾斜型”，池塘饲养管理方便等。

如果食用鱼养殖池塘达不到上述要求，就应加以改造。改造池塘时应按上述标准要求，采取小池改大池、浅池改深池、死水改活水、低埂改高埂、狭埂改宽埂的改造原则进行改造。

1. 清淤

养过鱼的池塘和蓄水多年的池塘，难免发生塘埂坍塌损坏，进水、出水口阻塞等情况。这样，鱼类就易从坍塌缺口处逃逸，塘外流入的水也容易把各种害虫、野杂鱼等带入池塘内，引起各种敌害的大量繁殖。同时，塘底沉淀了许多残饵和杂物，使塘底堆集大量污泥（一般每年沉积10厘米左右），不但有碍操作，而且污泥中的腐殖质酸能使池水转向酸性，降低肥效，阻碍饵料生物的繁殖，促使病原菌繁殖、旺盛生长，养鱼后鱼易得病。

进行夏季以后，由于水温上升，腐殖质急速分解，产生很多有害气体，如二氧化碳、硫化氢、甲烷等，使水质变坏。腐殖质分解，又消耗大量的氧气，使池水缺氧。因此，养过鱼的池塘和蓄水多年的池塘，必须进行清塘消毒处理，经风化日晒，改良土质，同时要整修塘埂及进水、出水渠(管)等。

池塘清淤有湿、干两种方法,但无论采取何种清淤方法,都要注意,切勿贪图方便,将塘泥堆放在塘堤上,防止雨水将其冲回原塘。

(1)湿法清淤:湿法清淤是保持20厘米左右的水位,将底泥搅起后连水带泥一起用排水设施排到池塘外,如此重复几次即可;或把塘水排干,用高压水枪冲刷池底,再将泥水排到池塘外,以达到清淤目的。

(2)干法清淤:干法清淤在晒塘后进行,即等塘底泥晒成龟裂后将表层泥土移除。

此外,清淤后,还应铲去昆虫借以产卵的池塘堤面和斜坡上的杂草。

2.晒塘

清淤工作彻底完成后,将池塘暴晒20天左右进行晒塘,以达到彻底清除虫害的目的。

3.加固塘基

加固塘基,预防渗漏,并修理好进水、排水管道,并在进水、排水口加设尼龙网,以防止野杂鱼进入池塘,并防止塘内鱼逃跑。

二、池塘清塘消毒

池塘清塘后,在池塘放鱼前15天左右进行消毒,严禁使用有机农药等毒性较大的药物对池塘进行清塘消毒。在此特别指出,大部分有机农药对细菌等微生物不敏感,切勿有“农药毒性烈能杀万物”的错误理解。

池塘消毒以生石灰为佳,漂白粉、茶籽饼等次之,这几种药物可因地制宜选用。除此之外,巴豆、鱼藤精、氨水、二氧化氯、漂白精、三氯异氰尿酸等都可用于清塘消毒。

1. 生石灰清塘消毒

生石灰消毒是通过生石灰遇水后产生氢氧化钙，并释放出大量的热，使池水的pH值迅速提高到11以上，达到杀菌消毒的目的。生石灰清塘对减少鱼病发生也有良好的预防作用。

(1)消毒效果

①能迅速而彻底地杀死野杂鱼、蛙卵、蚂蟥、水生昆虫等，以及一些水生植物、鱼类寄生虫和病原菌等敌害生物。

②可中和淤泥中的各种有机酸，改变酸性环境，使池塘呈微碱性环境，一般用生石灰清塘后7～10天浮游生物达到高峰。

③可提高池水的碱度和硬度，增加缓冲能力，提高水体质量。

④钙离子浓度增加，pH值升高，可使被淤泥胶粒吸附的铵、磷酸、钾等离子向水中释放，增加水体的肥度，同时，钙本身是浮游植物和水生动物不可缺少的营养元素，因此，用生石灰清塘还起了施肥的作用。

(2)消毒方法：生石灰清塘方法分为干法消毒和带水消毒两种。

①干法消毒：对有排灌系统的池塘可采用干法消毒的方法。一般每亩用生石灰60～75千克。干法消毒的方法是先将池水排放至5～10厘米深，然后在池底挖数个小坑，将生石灰倒入坑内，加水熟化，待生石灰块全部熟化成粉状后，再加水溶成石灰浆向池中泼洒，泼洒要均匀并且全部池底都要泼到。第二天用带把的泥耙将池底推耙一遍，使石灰与底泥充分混合，以便提高石灰消毒的效果。

②带水消毒：对一些水源困难，排水后难以再注水的池塘，则宜直接进行带水消毒。一般水深1米每亩用生石灰125～150千克。带水消毒的方法是先将生石灰块加水全部熟化成粉

状后，在船中加水搅成浆状，进行全池泼洒。

(3)注意事项

①池塘消毒宜在晴天进行。阴雨天气温低，影响药效。一般水温升高10℃药效可增加1倍，早春水温3～5℃时，要适当地增加生石灰用量30%～40%，尤其是对栖息鱼在底层较多的池塘，更应适当增加生石灰用量。

②生石灰的质量影响消毒效果，质量好的生石灰是块状、较轻、不含杂质、遇水后反应剧烈，体积膨大的明显。消毒不能使用袋装的生成灰，袋装的生石灰杂质含量高，有效成分的含量比块状的低。如只能使用袋状生石灰应适当增加用量。

③消毒用的生石灰最好随用随买，否则，放置时间过久，生石灰会吸收空气中的水分和二氧化碳生成碳酸钙而失效。若已购买了生石灰正巧天气不好，最好用塑料薄膜覆盖，并做好防潮工作。

④水中的钙、镁离子多，硬度大的水，影响消毒效果，这一点也应引起注意。

2.漂白粉消毒

漂白粉一般含有效氯28%左右。漂白粉遇水分解成次氯酸和碱性氯化钙，次氯酸放出的新生态氧具有消毒和杀死敌害生物的作用。另外，在池水中含有氨、氮时，次氯酸立即与氨作用生成氯铵，氯铵也有消毒作用。

(1)消毒效果

①漂白粉能杀死鱼类、蝌蚪、螺、水生昆虫、寄生虫及大部分病原体。

②漂白粉消毒肥水池塘效果差一些，并且漂白粉没有改善水质的作用。

③用漂白粉消毒后不会形成浮游生物高峰。

(2)消毒方法：干水消毒每亩用药量为7.5～10千克，加水充分稀释后均匀泼洒全池；带水消毒时，每平方米水面、水深1米，可用含氯30%的漂白粉20克，用瓷盆溶化后，再用水瓢全池泼洒。此法清塘1周后方可投放鱼苗。

(3)注意事项

①漂白粉在空气中极易挥发和受潮，必须放在陶器或木制器皿内密封或封闭完好的双层袋中，放在干燥处，以免失效。

②带水消毒时间最好在傍晚4～5时，因为在阳光直射的中午施药，池中水温较高，在很短时间内达到较高的药物浓度，会使鱼类产生应激反应。

③施用漂白粉时，如果没有充分溶解，包含在鱼池中陆续溶解，使池水达到较高浓度，会引起部分鱼中毒，漂白粉等残渣被鱼吞食可造成烂肠死亡。

④漂白粉可与食盐、硫酸铜、敌百虫混用，但不能与生石灰混用。因为次氯酸及其离子在强碱性水中比在中性或微酸性水中灭活力降低10余倍。

⑤在施用漂白粉时，如果池水过肥，pH值过高，用药浓度要大些。因为肥水中含许多有机质和无机物与漂白粉发生反应，从而消耗了漂白粉的一部分含氯量即小于3‰。

⑥操作时，工作人员要戴口罩、胶皮手套，在上风处泼洒漂白粉，以免用药过多中毒，也要防衣物涂染而被腐蚀。

3. 茶籽饼消毒

茶籽饼，别名茶枯，含7%～8%的皂角甙，皂角甙是一种可使动物的红血球溶解造成动物死亡的溶血性毒素。

(1)消毒效果：茶籽饼能杀死野杂鱼类、蝌蚪、螺、蚌、水蛭和部分水生昆虫，但它对细菌等基本无效，防病效果不如生石灰好。茶枯不但起清塘作用，饼渣还能肥沃水质，增加鱼类的饵料。

(2)消毒方法：茶籽饼消毒适宜在有水时进行。水深1米的池塘，每亩需茶籽饼 40～50 千克；水深 10 厘米左右，每亩用8 千克即可。如果茶籽饼质量差，天气太冷，茶籽饼用量应适当增加。使用时，先将茶籽饼打碎，天气较冷，需加水浸泡 2～3 天；天气较热，只需浸泡 1 天即可。如果茶籽饼块较大或质量差，应延长浸泡时间。浸泡后的茶籽饼浆用容器遍洒全池，约 1 小时后，害虫会狂窜乱游而亡。

(3)注意事项

①在天气炎热的季节里使用，消毒作用较大。

②茶籽饼消毒，冬季可在晴天中午以前进行，夏秋季可在清晨时进行，能节约茶枯用量 20%～30%。

③采用茶籽饼消毒时，茶籽饼质量的好坏与药力大小、效果好坏关系很大，事前要认真选择。新鲜上等质量的茶籽饼黑中带红，有强烈的刺激味，质很脆；中等质量的茶籽饼，质很硬，呈褐黑色；质量很差的茶籽饼，表面可以看到黄白色斑块，不易打碎。

4. 氨水消毒

(1)消毒效果：氨水呈强碱性，高浓度的氨能毒杀野杂鱼类和水生昆虫等。

(2)消毒方法：消毒时，水深 10 厘米，每亩池塘用氨水 50 千克以上，使用时可加几倍的塘泥与氨水搅拌均匀，然后全池泼洒。加塘泥是为了吸附氨，减少其挥发损失。消毒一天后向池塘注水，再过 5～6 天毒性消失，即可放鱼。

(3)注意事项：氨水消毒后，因水中铵离子增加，浮游植物可能会大量繁殖，消耗水中游离二氧化碳，使 pH 值升高，从而又增加水中分子态氨的浓度，以致引起放养鱼类死亡，因此，消毒后最好再施一些有机肥料，促使浮游动物的繁殖，借以抑制浮游植物的过度生长，避免发生死鱼事故。

5. 鱼藤精消毒

(1)消毒效果：鱼藤精有强烈的触杀、胃毒作用，使野杂鱼类、害虫呼吸困难，呼吸减弱，心跳减缓，中毒死亡。对人畜无毒，对作物无药害、无残留，不污染环境。杀虫使用缓慢，但杀虫作用较持久，具有一定的杀菌效果。

(2)消毒方法：通常为水深 1 米时，每亩用量为 1.3 千克；水深 20 厘米时，每亩用量为 0.2 千克。使用时，加水 10～15 倍稀释后均匀遍洒全池。水质硬度高应加大用量。

(3)注意事项

①不能与碱性药物混用。

②不可用热水浸泡鱼藤粉，药液随配随用，防止药性丧失。

③鱼藤制剂应贮存于阴凉干燥处。

6. 巴豆消毒

(1)消毒效果：巴豆所含的巴豆素是一种凝血性毒素，能使野杂鱼类、蝌蚪、螺、蚌、水蛭和部分水生昆虫的血液凝固而死亡。

(2)消毒方法：不排水清塘时，每亩池塘每米深水体用 5～7.5 千克。使用前，须将巴豆捣碎磨细装入罐中，然后，用 3%的盐水密封浸泡 3～4 天，使用时用水稀释后连渣带水全池泼洒。毒性消失时间为 10 天左右。

(3)注意事项：巴豆对人体的毒性很大，池塘施巴豆后，附近的蔬菜需要过 5～6 天以后才能食用。施药不要洒在池堤上，以防雨水将药物冲到其他鱼池中杀死池鱼。

7. 二氧化氯消毒

二氧化氯通过活化释放出游离态二氧化氯而释放出新生态原子氧而达到杀灭细菌、病毒的目的。二氧化氯在水中与氨、硫化物、有机物反应起到去污、去腥、除臭、灭藻、降解毒素(重金属、砷、硫化物、酚类、氨类)、絮凝沉淀等改善水质的作用。

(1)消毒效果:二氧化氯对细菌、病毒、霉毒、真菌及芽孢有强大的杀灭作用,且其杀菌能力不受水体 pH 值、氨氮及有机物浓度影响,在 pH 值为 2～10、温度－5℃至常温的情况效果都很理想。药效持久,约为氯的 10 倍。本品对鱼、虾、蟹、甲鱼、蛙类由细菌、真菌、病毒等病原微生物引起的传染性疾病,有良好的防治效果。

(2)消毒方法:不排水清塘时,每亩池塘每米深水体用 80～100 克,将本品粉剂倒入 3～5 千克水中,搅拌均匀,静置 5～10 分钟后再加水到 20 千克水稀释,贴近水面全池泼洒。

(3)注意事项

①宜用塑料、玻璃容器配制消毒原液。

②配制时,先放水再加粉剂,次序不能颠倒。

③应现用现配,每个包装宜一次用尽,用不尽的要扎紧封口存放。

④不要在阳光下或易燃易爆环境下操作,上午 10 点前、傍晚时用药效果更佳。

⑤不宜与其他消毒剂混合使用。

⑥应在日出前或日落后使用,阴天时,全天都可使用。鱼浮头时禁用。

⑦请勿食用,远离儿童,不慎接触人体立即用清水冲洗。

⑧请于低温、避光、干燥处保存,勿与易燃、易爆、金属及酸性物质一起存放。

8. 漂白精消毒

漂白精的有效成分与漂白粉相同,含有效氯 60%～65%,是漂白粉的 2 倍多。在池塘清塘消毒时具有价廉、使用方便、使用效果好等特点。

(1)消毒效果:漂白精是广谱消毒剂,与漂白粉作用原理相同，也是遇水产生次氯酸，而次氯酸不稳定分解释放出活性氯和原子态氧，呈现杀菌作用。

(2)消毒方法：干水清塘消毒，塘水 6～9 厘米，每亩用 3～4 千克；带水清塘，1 米深池塘每亩用 7 千克。

(3)注意事项

①最好在晴天的上午 9～10 点进行泼洒。

②在缺氧的情况下，不能使用。特别是天气闷热、清晨的时候不能使用。

③不能与生石灰同时使用，也不能与铵盐、酸同时使用。

9. 二氯异氰尿酸(防消散)及二氯异氰尿酸钠(优氯净)消毒

防消散和优氯净都是防治水产动物细菌性病常用药物，多用于苗种消毒、工具消毒、清塘等。

(1)消毒效果：防消散的作用和杀菌机制与优氯净相同。优氯净因是复合制剂，其中加入的增效剂使该药的水溶液长时间维持"分子态次氯酸"高浓度，这种高浓度次氯酸不带电，穿透细菌、芽孢、病毒的能力极强是次氯酸离子的 100 倍。因此，优氯净的杀菌作用比防消散高。

(2)消毒方法：带水消毒每立方水用优氯净 10～15 克。

(3)注意事项

①二氯异氰尿酸钠是强氧化剂，与易燃物接触可能引发火灾。

②二氯异氰尿酸钠为腐蚀品，有刺激性气味，对眼睛、眼膜、皮肤等有灼伤危险，严禁与人体接触。如有不慎接触，则应及时用大量清水冲洗，严重时送医院治疗。

③操作人员应佩戴防护眼镜、胶皮手套、防毒面具等劳动防护用品。

10. 三氯异氰尿酸消毒

三氯异氰尿酸又名强氯精，为白色结晶性粉末，含有效氯

80%～85%,具有氯臭味。化学性质稳定。微溶于水,水溶呈酸性,遇酸或碱分解,是一种极强的氧化剂和氯化剂。水的碱度越大药效越低,所以施生石灰影响三氯异氰尿酸的药效。

(1)消毒效果:三氯异氰尿酸是一种高效、广谱、低毒、安全的消毒剂。在水中分解成异氰尿酸和次氯酸,对细菌、病毒、真菌、芽孢有较强的杀灭作用。

(2)消毒方法:干水清塘时,将池塘水放干,暴晒2～3天,每亩用400～500克,兑水溶化,稀释全池泼洒,3天后放水放鱼;带水清塘消毒时按每立方米4～5克使用,溶化稀释后全塘均匀泼洒。

(3)注意事项

①本品不能与碱性药物混用,也不能与含磷药物混合使用。

②施药时间应选择在晴天上午9点左右,下午5～7点进行,避免阳光直射,高温或鱼浮头时禁用。

③不能与生石灰同时使用,也不能与铵盐、酸同时使用。

三、施基肥

养鱼池塘施肥的作用,主要是繁殖浮游生物、附生藻类、底栖动物等,增加鱼类的天然饵料;施肥后微生物大量繁殖,有机碎屑大量增加,也为鱼类提供了丰富的食料资源;一部分腐烂的有机肥料,则可被鱼类直接摄用,在施肥量较大的情况下,绿藻和蓝藻中的一些种类将大量出现;施肥量较小时,硅藻中的许多种类如纺锤硅藻、圆盘硅藻等将成为优势种类。浮游动物中首先大量出现的是原生动物,其次为轮虫,再次为枝角类,最后为桡足类。

1. 有机肥料的种类

有机肥料包括粪肥、绿肥、厩肥等,这些有机肥料所含营养元素全面,是一种含多种营养成分的完全肥料,施用后具有分解慢、肥效持久等优点，而且有一部分可直接被鱼类吃掉。因此，有机肥料长期以来是养鱼生产中广为施用而又经济的肥料，但有机肥料的肥效不一致，成分变化大，不易准确掌握施肥用量，且劳动强度较大。

2. 施基肥时间

池塘施肥时，很重要的一点就是要掌握好时机，使培养出来的浮游生物正适合于鱼种下塘的需要。因此，施基肥应在池塘清整消毒后5～6天，鱼种放养7～10天以前施基肥。

3. 施基肥方法

瘦水池塘和新挖的池塘没有或者有很少淤泥，可以将基肥遍撒于池底，以增加底土的营养物质，有利于注水后土壤对水质的调节。有些池塘池底略有渗漏，可在池底多铺撒些有机肥，并用耙耘的方法使肥料与池塘底土混合充分，达到防渗漏的效果。

（1）粪肥：粪肥指人粪尿和家畜、家禽粪尿，含有多种肥分，尤其是氮素较多，故称氮肥。粪肥是复杂的有机物质，直接施入水体，其矿化分解过程完全在水体中进行，一则耗氧量太大，二则粪肥中往往含有多种致病菌，因此，粪肥一定要发酵后再施用。

粪肥发酵可在土坑内进行。发酵时，坑内先铺上一层青草，青草上撒一层生石灰，再放一层粪肥，依此程序装入（每层厚20厘米左右），再浇上人粪尿和水，边堆边踏实。为了促进堆内的微生物迅速繁殖，先将堆肥露放1～2天（夏、秋季）或3～5天（冬、春季），待堆内发热时，再加水浸泡，然后用泥密封。堆积后应经常观察，如水分不够，需及时加水补充。如果发现仍未充分腐熟，应上下翻动1次。

施发酵好的粪肥作基肥时，可视池塘的肥度、肥料的种类、浓度等而定，一般每亩用量为200～300千克（指半湿半干的粪肥)。如刚进行排水的池塘,可将肥料均匀撒布于塘底浅水中,使其在阳光下暴晒,水温升高,加强分解矿化。如果池塘满水施基肥时,可在放鱼前10天将粪肥分成若干小堆,分布于向阳浅水处,使其逐渐分解矿化,扩散水中。基肥的施肥数量往往较大,一次施足。

(2)绿肥:凡采用天然生长无毒的青草、水草、树叶、嫩芽或各种人工栽培的植物,经加工或不经加工,而作为肥料的都称为绿肥。绿肥来源广泛,肥分含量仅次于粪肥,且在水中易腐烂分解,为细菌创造良好的发育环境,故是很好的池塘肥料。

绿肥施用时,把绿肥堆放在池塘一角的水中,经常翻动,加速其腐烂分解,最后把不易腐烂的部分捞出。作池塘基肥的用量,一般每亩200～300千克。

施放绿肥时,因其在水中腐烂分解,需消耗大量氧气,特别是某些水源缺乏的池塘,长期施用绿肥沤水,处理不善造成水质过肥而变坏。故需注意水质的变化,不能一次堆放过多,防止水中缺氧而引起浮头甚至发生泛池。

4.池塘注水时间

一般在基肥施放2～3天后,池塘即可注水。春季放养的池塘,如果水源可靠,初次向鱼池灌水时,不宜灌的太深,有50～80厘米即可。这样水温容易升高,有利于水质转肥和鱼群的摄食生长。以后随着水温的升高和鱼体的增大逐步加水,水温达24℃以上直到6月底,加到最大深度。秋季放养的池塘,池水应一次性加到最大深度,以使池鱼在深水中越冬。

为了避免野杂鱼类混入池中,在注水时需要做好过滤工作。

第四节 放鱼入塘

随着养鱼事业的迅猛发展，鱼苗、鱼种的需求量也逐年递增。尤其是苗种不能自给的场户，每年都必须外购一些苗种。在北方，由于气候寒冷，当地产鱼苗要比南方晚1～2个月。为了提早进入生产，每年的春天也需从南方运输鱼苗，以补充当地苗种的不足。运输过程中成活率的高低，将直接关系到下一步养鱼生产和养鱼的经济效益。

一、池塘养鱼方式

为了充分利用水体中的各种天然饵料，池塘养鱼多采用混养方式。混养种类一般以7～8种为好，高产池塘混养种类也可在10种以上，其中以1～2种为主，称为“主养鱼”，在数量和重量上占有很大比例；其余数量和重量较少的搭配鱼类称“配养鱼”，在饲养中主要依靠取食部分投喂给主体鱼的饲料或池中的有机碎屑和天然食料生物而成长。主养鱼是饲养的主要对象，对提高产量起着主要作用，但配养鱼也是池塘高产不可缺少的种类。一般讲，配养鱼种类多，增产效果也较大，而且成本低，收益较高。

1. 池塘混养的优点

池塘混养是根据鱼类的生活习性特点，使栖息习性、食性、生活习性不同的鱼类或同种异龄鱼类在同一空间和时间内在一起生活和生长，从而发挥“水、种、饵”的生产潜力的方法。

(1)合理和充分利用饵料：在投喂草类饲料后，草鱼将草类吞食后，以粪便形式转化成腐屑后，可供草食性、滤食性、杂食性鱼类利用，极大的提高了草类饲料的利用率。在投喂精饲料时，主要被个体大的鱼类(青鱼、草鱼等)吞食，但也有一部分被鲤鱼、鲫鱼、团头鲂和各种小规格的鱼种吞食，使全部精饲料得到有效的利用。

(2)合理利用水体：不同的鱼类栖息的水层不同。鲢鱼、鳙鱼栖息在水体上层，草鱼、团头鲂栖息在水体中下层，青鱼、鲤鱼、鲫鱼、鲮鱼、罗非鱼等则栖息在水体底层。将它们混养在一起，可充分利用池塘的各个水层。同单养一种鱼类相比，不但能增加池塘单位面积的放养量，还能提高鱼产量。

(3)发挥养殖鱼类之间的互利作用：池塘混养不仅能收获一部分配养鱼产量，而且还可以实现各种鱼之间的某些互利作用，使得各种鱼的产量均有所增产。

(4)获得食用鱼和鱼种双丰收：在成鱼池混养各种规格的鱼种，既能使得成鱼高产，又能解决下一年放养大规格鱼种的需要。

(5)提高社会效益和经济效益：通过混养，不仅提高了鱼的产量，降低了饲养成本，而且在同一池塘中可生产出不同品种的食用鱼。特别是可以全年向市场供鱼，对繁荣市场、提高经济效益有重大作用。

2. 混养鱼间的关系

(1)青鱼、草鱼、鲤鱼、团头鲂、鲫鱼与鲢鱼、鳙鱼间的关系：青鱼、草鱼、鲤鱼、团头鲂、鲫鱼食贝类、草类和底栖动物等，称之为“吃食鱼”，它们的残饵和粪便形成腐屑后，不仅给鲢鱼、鳙鱼提供了良好的饵料，而且还可以通过鲢鱼、鳙鱼摄食腐屑和滤食浮游生物起到防止水质过肥的目的，给喜清新水质的鱼类创造良好的生活条件，故把鲢鱼、鳙鱼称之为“肥水鱼”。通过“肥水鱼”和“吃食鱼”的混养，不仅可以提高饵料的利用率，而且可以做到一种饲料多次利用，发挥了相互间的互利关系，促进鱼类生长。在不施肥和投喂精饲料较少的情况下，“肥水鱼”和“吃食鱼”之间的混养比例一般为1∶1；在大量投喂精饲料和施肥的情况下，混养的比例一般为1：(0.35～0.65)。

(2)鲢鱼、鳙鱼间的关系：鲢鱼、鳙鱼的主要饵料只是相对地不同，特别是在施肥及投喂精饲料的池塘中，鲢鱼的抢食能力远比鳙鱼强，因而容易抑制鳙鱼生长。在不投喂精饲料的池塘中，浮游动物的数量远比浮游植物少得多，因此，鳙鱼不能放养太多，一般鲢鱼、鳙鱼的混养比例为(3～5)：1。

由于鳙鱼市场需要量大，可在保证鳙鱼生长的前提下，搭养鲢鱼，以充分利用池塘天然饵料。在生产上，可采取以小规格(13～17厘米)的鲢鱼与大规格(0.4～0.5千克)的鳙鱼混养、控制鲢鱼的放养密度和生长期密度等形式进行控制。但鲢鱼的放养量不能超过鳙鱼的放养量，如每次放养0.4～0.5千克的鳙鱼种40尾，鲢鱼只能放13～17厘米的鱼种20～30尾。当鲢鱼长到0.75～1千克时，在轮捕时必须捕出上市，再补放13～17厘米的鲢鱼种，补放尾数与捕出数相等，这样对鳙鱼的影响较小。

(3)青鱼、草鱼与鲤鱼、鲫鱼、团头鲂间的关系：青鱼、草鱼个体大，食量大，要求饵料高，而鲤鱼、鲫鱼、团头鲂则相反，将它们混养在一起，青鱼、草鱼可为鲤鱼、鲫鱼、团头鲂提供大量的适口饵料，而鲤鱼、鲫鱼、团头鲂等则为青鱼、草鱼清除残饵，清洁食场，清新水质。这样不仅充分利用了饵料，而且改善了水质，有利于青鱼、草鱼的生长。主养青鱼池中，动物性饵料较多，故鲤鱼、鲫鱼可多放一些。主养草鱼的鱼池，动物性饵料少，鲤鱼、鲫鱼应少放一些，而应增加团头鲂的放养量。

3. 主养鱼和配养鱼品种的选择

主养鱼的选择主要根据市场要求、饵料来源、池塘条件、鱼种来源等情况而定，配养鱼的选择在一定程度上也受这些条件的限制，但主要还视主养鱼的种类而定。

(1)市场要求：根据当地市场对各种养殖鱼类的偏好、价格和供应时间，选择适销对路的鱼品种。

（2）饵料来源：草类资源丰富的地区可考虑以草食性鱼类为主养鱼；螺、蚬类资源丰富的地区可考虑以青鱼为主养鱼；精饲料充足的地区可以鲤鱼、鲫鱼或青鱼为主养鱼；农家肥充足的地方可以滤食性鱼（如鲢鱼、鳙鱼）或食腐屑性鱼（如罗非鱼、鲮鱼等）为主养鱼。

（3）池塘条件：池塘面积较大，水质肥沃，天然饵料丰富的池塘，可以鲢鱼、鳙鱼为主养鱼；新建的池塘，水质清瘦，可以草鱼、团头鲂为主养鱼；池水较深的塘，可以青鱼、鲤鱼为主养鱼。

4. 几种常见混养模式

我国地域广阔，各地自然条件、养殖对象、饵料来源等均有较大差异，因此各地可根据当地情况选择混养类型。

（1）以鲢鱼、鳙鱼为主的混养模式特点

①放养比例：鲢鱼、鳙鱼放养量占70%～80%。鲢、鳙鱼种从5月份开始轮捕后，即补放大规格鱼种，其补放鱼种数量与捕出数大致相等。

②以施有机肥料为饲养的主要措施：一般10～30亩的池塘，适宜于施用有机肥料肥水。

③为改善水质，要充分利用有机腐屑：重视混养食有机腐屑的罗非鱼等，它们比鲤鱼、鲫鱼更能充分地利用池塘施有机肥后形成的饵料资源。

（2）以草鱼为主的混养模式特点

①放养比例：主养鱼占75%～80%。

②投喂草类作为主要饲料：亩净产250千克以下一般只施基肥，不追施有机肥；亩净产500千克以上的，主要在春秋两季追施有机肥料，在7～10月份轮捕2～3次。

③放养规格：由于鲫鱼价格比鲤鱼高，有些渔区采用“以鲫代鲤”的方法，即不放养鲤鱼，而增加鲫鱼放养量（通常比原放养量增加0.5～1倍）。

(3)以青鱼、草鱼为主的混养模式特点

①放养比例:青鱼、草鱼的放养量相近。自7~9月轮捕2~3次,6月补放鲢、鳙春花为暂养在鱼种池的鱼种。

②放养规格:同种异龄混养。放养种类多,规格多,密度高,放养量大。

③以投天然饵料和施有机肥为主,辅以精饲料或颗粒饲料。

(4)以鲮鱼、鳙鱼为主的混养模式特点

①产品要求均衡上市,常年供应,特别是鳙鱼要求的食用规格和数量大,因此,采用多级轮养法及时提供大规格鱼种。

②鳙鱼一般每年放养4~6次,鲢鱼第一次放养50~70尾,待鳙鱼收获时,满1千克的鲢鱼捕出。通常捕出数量与补放数量相同。

③鲮鱼放养密度大、中、小三档规格,依次分期捕捞出塘,因鲮鱼饲料容易解决,耐肥力强,食用规格较小,其肉味鲜美,售价较廉,深受群众喜爱。

④在饲养管理中,采取投饵和施有机肥料并重。

⑤养鱼与蚕桑或甘蔗(或花卉)相结合,在鱼池堤埂上或附近普遍种植桑树或甘蔗(或花卉),即所谓桑基鱼塘或蔗基鱼塘(或花基鱼塘),是综合经营的一种好形式,也是珠江三角洲养鱼的重要特色。蚕粪是养鱼的优质肥料,蚕蛹是鱼的动物性饲料之一,甘蔗叶等可作为草鱼的青饲料,而塘泥则是桑树和甘蔗(或花卉)的优质肥料。二者相互依存,相互促进,不仅发展了生产,也提高了经济效益、社会效益和生态效益。

(5)以鲤鱼为主的混养模式特点

①放养比例:鲤鱼放养量占总放养重量的90%左右。

②放养规格:由于北方鱼类的生长期较短,要求放养大规格鱼种。鲤鱼由1龄鱼种池供应,鲢鱼、鳙鱼由原池套养夏花解决。

③以投鲤鱼配合饲料(加工成颗粒饵料)为主，养鱼成本较高。

④近年来，该混养类型已搭配异育银鲫、团头鲂等鱼类，并适当增加鲢鱼、鳙鱼的放养量，以扩大混养种类，充分利用池塘饵料资源，提高经济效益。

(6)以草鱼和团头鲂为主的混养模式特点

①放养比例：一般草鱼30%，鲢鱼、鳙鱼45%，团头鲂15%，鲤鱼、鲫鱼、青鱼等10%，轮捕对象主要是鲢鱼、鳙鱼。

②放养规格：草鱼175克左右，团头鲂33克左右，鲢鱼、鳙鱼种125克左右，放养量在100～150千克/亩即可达到高产的目的。

(7)以草鱼和鲢鱼为主的混养模式特点

①放养比例：草鱼35%，鲢鱼、鳙鱼50%，罗非鱼5%，鲤鱼、鲫鱼、团头鲂等10%。

②放养规格：投青草养殖类型，青饲料养草鱼，水质肥，可多养鲢鱼，为控制草鱼病，一般还配养罗非鱼，草鱼种规格宜大，才能达到高产。大规格鱼种由套养解决一部分。此外，还可利用投饵。施肥方法主养草鱼、鲢鱼。亩放养量一般125～150千克。

此外，南方盛行主养鲮鱼，东北地区以主养鲤为主要混养方式，效果亦较好。

5.放养密度

放养密度与计划养成成鱼规格的大小，放养时间的早晚，培育技术等有密切的关系。在池塘环境和培育水平相同的条件下，放养密度决定于出塘规格，出塘规格又决定生产需要。

在一定的范围内，只要饲料充足，水源水质条件良好，管理得当，放养密度越大，产量越高。决定合理放养密度，应根据池塘条件、鱼的种类与规格、饵料供应和管理措施等情况来考虑。

(1)池塘条件：有良好水源的池塘，其放养密度可适当增加。

较深的(如 2～2.5 米)池塘放养密度可大于较浅的(如 1～1.5 米)池塘。

(2)鱼种的种类和规格：混养多种鱼类的池塘，放养量可大于单一种鱼类或混养种类少的池塘。

此外，个体较大的鱼类比个体较小的鱼类放养尾数应较少，而放养重量应较大；反之则较小。同一种类不同规格鱼种的放养密度，与上述情况相似。

(3)饵料、肥料供应量：如饵料、肥料充足，放养量可相应增加。

(4)饲养管理措施：养鱼配套设备较好，可增加放养量。轮捕轮放次数多，放养密度可相应加大。

此外，管理精细，养鱼经验丰富，技术水平较高，管理认真负责的，放养密度可适当加大。

(5)历年放养模式在该池塘的实践总结：通过对历年各类鱼的放养量、产量、出塘时间、规格等技术参数的分析评估，如鱼类生长快，单位面积产量高，饵料系数不高于一般水平，浮头次数不多，说明放养量是较合适的；反之，表明放养过密，放养量应适当调整。如成鱼出塘规格过大，单位面积产量低，总体效益低，表明放养量过稀，必须适当增加放养量。

二、引种与运输

1. 放鱼入塘时间

提早放养鱼种是争取高产的措施之一。长江流域一般在春节前放养完毕，东北和华北地区可在解冻后，水温稳定在 5～6℃时放鱼。

在水温较低的季节放养，鱼的活动能力弱，容易捕捞；在捕捞和放养操作过程中，不易受伤，可减少饲养期间的发病和死亡率；提早放养也就可以延长鱼类的生长期。近年来，北方条件好的池塘已将春天放养改为秋天放养鱼种，鱼种成活率明显提高。

鱼种放养必须在晴天进行，严寒、风雪天气不能放养，以免鱼种在捕捞和运输途中冻伤。

2. 鱼种的选择

池塘放养的鱼种根据混养方式购买或自行培育鱼种（自行培育的具体方法可参见相关书籍）。

在正常情况下，购买的鱼种要符合品种要求，经过拉网锻炼的稚鱼（即夏花鱼种），要求健壮无病，头小背厚，鳞片不缺，色彩鲜明，行动敏捷，跳跃有力，规格整齐。

3. 鱼种运输及检疫

（1）鱼种的运输

①运输前的准备工作

Ⅰ. 制定运输计划：根据鱼的种类、大小、数量和运输距离的远近等，确定运输方法。长途运输要安排好运输车辆或船只，并做好各项运输事宜，以免影响及时转运，造成损失。

Ⅱ. 准备好运输器具：运输器具必须事先准备好，并经过检验，有损坏或不足的应及时处理。

Ⅲ. 人员配备：运输前必须做好人员的组织安排，分工负责，互相配合，各个环节互相衔接，做"人等鱼到，塘等鱼放"。

Ⅳ. 运输前的苗种处理：待运鱼苗应先放到网箱中暂养，使其能适应静水和波动，并在暂养期间换箱 1～2 次，使鱼苗得到锻炼。鱼种起运前，要拉网锻炼 2～3 次；起运前 1 天停止投饵，使其排空粪便。

（2）鱼苗、鱼种的计数：鱼苗鱼种一般以尾为计算单位。如数量过多，则以万尾计。鱼苗的计数方法，有碗量法、分格法；鱼种的计数方法，有碗量法、捞斗过数法、分格法、过秤法多种，其中以分格法过数比较准确。

①容量法：容量法量鱼苗是将鱼苗放入出苗网箱内，提起网箱，让鱼苗密集在网箱一角，捞取鱼苗后迅速倒满鱼苗计数杯中（一般用小酒杯或其他小容器），快速量出鱼苗的总杯数。在计量过程中随机抽样计算每杯鱼苗的数量，即将抽取的鱼苗倒入盆中计数，然后，根据每杯的鱼苗数，推算出鱼苗总数，也就是将总杯数乘以每杯的鱼苗数得出鱼苗总数。

量鱼种方法同鱼苗计数一样，只不过是用碗等稍大一点的容量作计量基数，但在取样时应注意，尽管鱼种已过筛，大小仍不一致，鱼种体大逆游能力强，体质好；体小逆游能力差，体质弱。不能在布池逆风的后端和布池平面上取样，否则，取出的样品中小鱼种会占多数，计数后鱼种数量出入较大。

②分格法：鱼苗、鱼种计数均可采用。先将鱼苗搅匀，分成若干格，采取抽签或协商方式选定其中一格。再将那一格鱼苗分成若干份，又按照上述办法选定其中任意一格，这样分格数次，最后将一小格过数，再推算上去共量多少鱼苗。然后，根据鱼苗需求量，计算确定要几个大格，几个小格。这种过数方法，操作虽然较麻烦，并且会损伤一些鱼苗，但计数数量准确，出入不大。

③捞斗过数法：同容量法一样，但捞斗是漏水的，所以略比碗量法准确一些。有的在实际操作过程中直接用手抓过数，这种方法只能用于鱼种过数。鱼苗过数一般不能采用，否则，对鱼苗伤害过大。

④过秤法：此方法简便，对大量销售10厘米以上大规格鱼种的计数，现多采用此法。该方法操作之前必须对鱼种过筛，要求大小一致，操作细心，动作要快；否则，会造成鱼种机械损伤和死亡。

（3）运输方法

①帆布桶运输：帆布桶运输的优点是装运速度快，操作简

便，途中可以喂食，换水，适用于汽车、拖拉机、三轮车等交通工具。

帆布桶的大小，一般要求长 85 厘米，宽 85 厘米，高 95 厘米，支撑帆布桶的框架规格与帆布桶相适应。每桶可装水 350～400 千克，约占整个容积的 60%～70%。装鱼密度与水温高低和路程远近关系密切，若水温低而运输路途较短，可以适当多装。一般当水温在 15～20℃时，每桶可装 3～4.5 厘米的鱼 1.4 万～1.8 万尾，4.5～6 厘米的 1 万～1.2 万尾，6～7.5 厘米的 0.5 万～0.7 万尾，7.5～9 厘米的 0.3 万～0.4 万尾。

装鱼后的帆布桶口要用网片盖好，以免鱼随水溅出。在运输途中，如果发现桶底有污物或死鱼沉淀，应及时捞出，防止水质污染。当发现鱼种浮头时，可击水、淋水或送气。若浮头严重就应换水 1/3～2/3，再加注新水。

②水桶或担篓运输：此运输适用于短距离，工具简便，成本低，但运输量小，用劳力多，劳动强度大。水桶可用肩挑，也可用自行车或手推车载运。装水量为桶或篓的 1/2～2/3，重约 15 千克。可装运鱼苗 1 万～1.5 万尾，4.5～6 厘米的鱼种 200～300 尾，6～7.5 寸鱼种 150～200 尾，7.5～9 厘米鱼种 50～80 尾。

装鱼后，可用纱布包盖桶口，以免鱼种随水溅出。在挑运时，脚步要稳，走得匀，系绳短，扁担长且宽具有弹性，这样使桶内水面起波动，激起浪花，增加水中溶解氧。若发现鱼密集浮头，要及时击水增氧或换新水。

③尼龙袋运输：这种方法装鱼密度大，成活率高，搬运轻便，节省人力，适于鱼苗用车辆运输。

尼龙袋长约 70 厘米，宽约 40 厘米，袋口偏于一边，突出长 6～7 厘米，宽 7～8 厘米。这样大的尼龙袋，水温 20～25℃时，可以装鱼苗 5 万～8 万尾。

在装鱼苗时，先把袋子装好 1/3～2/5 的水，用漏斗倒进鱼苗，然后，把袋子中的原有空气压出来，立即充氧，充氧要以膨胀松软为度，不能充的太胀。充氧后用铁夹或橡皮筋严密封口，再将尼龙袋平放在纸盒里，使尼龙袋中的水与氧有最大接触面积。

④塑料袋运输：塑料袋规格一般长 70～80 厘米，宽 40 厘米。塑料袋的容水量约为总容量的 2/5～1/2。

袋运的仔鱼必须是开口摄食前 24 小时的仔鱼或者是开口摄食后 3～4 天全长为 1 厘米左右的仔鱼。袋运仔鱼的密度与运输时间、温度、鱼体大小和体质等密切相关。一般说来，温度低、运时短、鱼体小，密度可大一些；反之则应小一些。

为了避免水质恶化，提高运输成活率，可在装鱼的同时，向每升水中加入 2000～4000 国际单位的青霉素。

当水和鱼苗装入塑料袋后，先用双手捏袋，将袋内空气排出，然后通入氧气，氧气不能充得太足，一般以袋表面饱满且具有弹性为宜。充氧后，外面再套一层塑料袋，最后将双层塑料袋装入纸箱、木箱或泡沫塑料箱中待运。

塑料袋可放置在汽车、火车等各种交通工具中长途运输，也可用于人力肩挑的短途运输。

(4)影响鱼苗种运输成活率的因素：影响鱼种运输成活率的因素是多方面的，彼此之间互相关联，但主要体现在以下几个方面：

①溶氧量：运输水体中溶氧量的多少和鱼类耗氧率的高低决定合理的装运密度，是运输成败的关键。在运输过程中必须防止鱼体缺氧。

②水温：温度与鱼类的活动及耗氧率关系密切。水温升高，鱼的代谢和活动加强，耗氧率增加，水中溶氧量减低。反之相反，所以选择在低温条件下运输鱼种成活率较高。同时，在长途运输过程中需换水时，就应注意温差的变化，一般不应发生 3℃

以上的剧烈变化，否则会造成成活率下降。

③水质：水质对鱼类影响很大，运输水必须选择水质清新，含有机质和浮游生物少，中性或微碱性，不含有毒物质的水。

④鱼的体质：鱼的体质是决定运输成活率的首要条件，尤其在长途运输时更为重要。体质瘦弱，受伤或有病的鱼，对缺氧、水质变坏和途中剧烈颠簸的忍耐和抵御能力差，经受不住长距离长时间的运输，运输的成活率很低。所以购买鱼种时要选购优质鱼种。

(5)鱼种运输过程中应注意的问题

①要时刻注意补充水中的溶氧量，尤其在开放式运输中，始终保持水中有足够的溶氧量，这是提高运输成活率的关键。补充方式有以下两种方式：

Ⅰ.换水：当发现鱼浮头严重或水中泡沫过多，水质恶化时，应立即换注新水，换水量为原水量的1/3～2/3。换入的新水必须清新无污染，新水温度与装鱼容器的水温不能相差太大，鱼苗不超过2℃，鱼种不超过3～5℃。

Ⅱ.击水、送气和淋水：开放式运输中，如换水困难，可采用击水送气或淋水等方法以增加溶氧量。击水不能打击水面，以免鱼体受伤，击水动作不可过猛，轻重缓急力求均匀。

有条件的可采用空气压缩机送气。送气量不宜过猛，应大小适中均匀。送气的时间不宜过长，以不浮头为限。

淋水法是利用有许多小孔的喷嘴，淋水增氧。淋水时力求水珠细小，水珠由高处降落，充分接触空气，补充水中的溶氧量。

②减少耗氧因子，保持水质清新：长途运输中，只可适当投饵，不宜喂得太多，以免水质恶化。同时，要及时清除沉积于容器底部的死鱼、粪便以及剩余饵料等脏物，因这些脏物会腐败分解，加速水质恶化，清除时用吸筒或虹吸管均可。

③要经常观察鱼的活动情况：看它们活动是否正常，如发现

鱼散游乱窜，无一定方向或浮于水面，应及时判明原因，采取换水等措施加以解救。

三、放鱼

1. 鱼种暂养

在运输过程中，采用充氧密闭袋运输的鱼种，鱼体内往往含有较多的二氧化碳，特别是经过长途运输的鱼种，血液中二氧化碳浓度很高，可使鱼苗处于麻醉甚至昏迷状态（肉眼观察，可见袋内鱼苗大多沉底打团）。如将这种鱼种直接下塘，成活率极低。因此，经长距离运输的鱼种，到达目的地后，必须先放在暂养箱（图 2-1）中暂养，暂养箱的材料有泡沫、塑料、帆布等。

暂养前，先将鱼苗袋浸入池内，待鱼苗袋内外水温接近相同（一般需 15～30 分钟）后，开袋将鱼苗缓慢放入池内的暂养箱中。暂养时，应经常在箱外划动池水或采用淋水方法增加箱内水的溶氧。一般经过 0.5～1 小时的暂养，鱼苗血液中过多的二氧化碳均已排出，鱼苗集群在网箱内逆水游泳，此时可以开始喂食。

图 2-1　泡沫暂养箱

2. 喂食

暂养后的鱼苗在消毒前应投喂蛋黄，使鱼苗饱食消毒后下塘，其目的是加强鱼苗下塘后的觅食能力和提高鱼苗对新环境的适应能力。

据测定，饱食下塘的鱼苗与空腹下塘的鱼苗忍耐饥饿的能力差异很大。同样是孵出 15 天的鱼苗（15 日龄苗），空腹下塘的鱼苗至 23 日龄全部死亡，而饱食下塘鱼苗此时仅死亡 2.1%。

3. 鱼体消毒

苗种从一个地区水域运到另一个地区水域的同时，不可避免地会把原水域的鱼病带进来。有些鱼病单凭肉眼是看不出来的，尤其是鱼苗阶段，必须通过显微镜检查后才能确定。在购苗之前，首先要对所购苗种体表进行感观鉴别，再对鱼体各部，尤其是鳃部进行镜检，发现鱼病坚决不能要。鱼苗运进后，对外购鱼种入塘前必须进行鱼体消毒后再入塘。

将暂养后的鱼装入盛清水的容器中（如水缸、木桶、帆布桶、船舱等）进行浸泡，一定时间后即可达到消毒灭菌目的。

下面提供几种常用的鱼体消毒药物的使用方法，供参考。

（1）硫酸铜漂白粉合剂：将硫酸铜、漂白粉分别按每立方米水 8 克和 10 克称取，分别溶解后混合洒入消毒池中，在 10～15℃下将鱼体浸洗 20～30 分钟，即可防治细菌性病害及部分寄生虫病害，如车轮虫病等。

（2）硫酸铜：根据消毒池容积大小确定其用药量，按每立方米水用药 8～10 克，将硫酸铜溶解后泼入消毒容器中，在水温 10～20℃情况下，将鱼体浸洗 20～30 分钟，即可达到有效预防车轮虫病等疾病的目的。

（3）漂白粉：漂白粉按每立方米水 10～12 克的用量，当场配制溶液，泼入消毒容器中，在 10～20℃水温下将鱼体浸洗 20～

30 分钟，即可达到预防细菌性皮肤病等疾病的目的。

（4）高锰酸钾：浸洗浓度为每立方米水用药 20 克，10～20℃时，将鱼体浸洗 15～30 分钟，能有效防治三代虫、车轮虫、斜管虫病等发生。此药时久失效，宜随配随用。

（5）食盐：每立方米水用食盐 20～40 千克，配成 2%～4%水溶液，在常温下将鱼体浸洗 5 分钟左右，即可对车轮虫、斜管虫、水霉病等进行有效预防。

最后要提醒的是，在消毒过程中或消毒完毕出现鱼头摇动、不能忍受时，应结束消毒。

4. 放养密度

池塘放养的密度对鱼苗的生长速度和成活率有很大的影响。一般来讲，在合理地放养密度下，鱼苗的生长率和成活率都较高；密度过大则鱼苗生长缓慢，成活率也低；密度过小，虽然鱼苗生长快，成活率高，但是浪费水面，肥料和饵料的利用率低，使成本增高。

确定鱼苗的合理放养密度主要依据池塘条件、鱼苗的种类与体质、鱼苗培育方法以及管理水平等情况灵活掌握。鱼苗体质好，水源方便，肥料和饵料充足，鱼池条件好，饲养技术水平高，放养密度就可适当大一些，反之，放养密度应小些。

目前，大多数鱼类鱼苗适宜的放养密度一般为每亩放养 10 万～15 万尾。草鱼、青鱼、鲤鱼的放养密度应较鲢鱼、鳙鱼、鲫鱼、鳊鱼、鲂鱼等的密度稍小些，因为在鱼苗培育的中、后期，草鱼、青鱼和鲤鱼转向吃较大型的浮游动物和底栖动物，而鱼苗池中这些生物的繁殖能力相对较弱，如密度较大，天然饵料不足，会影响生长。鲮鱼苗生长速度较慢，放养密度一般较高，每亩放养 40 万尾左右。鳜鱼、鲈鱼、鲷鱼、鲶鱼、石斑鱼、鳗鲡等在合理密养情况下，应注意适时过筛，大小分养。

5. 试水放苗

投放苗种前，为保证安全，最好取一些池水，先放入少量鱼苗，经过 7～8 小时的“试水”后，发现鱼苗活动正常，再放养大批鱼苗。

鱼苗投放时，水温温差不能超过 2℃。同一池塘应放同批鱼苗，不同批的鱼苗个体大小和体质差异过大，游泳和摄食能力不同，影响鱼苗培育的成活率，规格也不整齐。放养鱼苗最好选择在晴天无风的上午进行。有风天应在鱼池的上风处放鱼苗，若在下风处放鱼苗易被风吹到池边致死。

第三章　空心菜的陆地培育

空心菜又称蕹菜、通菜、藤藤菜、蓊菜、竹叶菜，为旋花科一年生蔓性草本植物。空心菜是碱性食物，并含有钾、氯等调节水液平衡的元素，食后可降低肠道的酸度，预防肠道内的菌群失调，对防癌有益。所含的烟酸、维生素 C 等能降低胆固醇、三酰甘油，具有降脂减肥的功效。空心菜中的叶绿素有“绿色精灵”之称，可洁齿防龋除口臭，健美皮肤，堪称美容佳品。它的粗纤维素的含量较丰富，这种食用纤维是由纤维素、半纤维素、木质素、胶浆及果胶等组成，具有促进肠蠕动、通便解毒作用。空心菜性凉，菜汁对金黄色葡萄球菌、链球菌等有抑制作用，可预防感染。因此，夏季如经常吃空心菜，可以防暑解热、凉血排毒、防治痢疾。嫩梢中的蛋白质含量比同等量的番茄高 4 倍，钙含量比番茄高 12 倍多，并含有较多的胡萝卜素。空心菜食用部位为幼嫩的茎叶，可炒食或凉拌，做汤菜等同“菠菜”。

空心菜在我国南、北方各地均有栽培，但水上栽培空心菜是近年兴起的新型种养模式，主要是利用空心菜“喜水”的特点，把空心菜栽植在水中的浮床上。但水上栽培空心菜必须采用陆地上的空心菜植株剪成段后在浮床上栽植或在陆地上培育空心菜幼苗后移栽到浮床上。

第一节　空心菜的陆地育苗

空心菜陆地育苗可根据情况选择种子繁殖育苗或茎蔓扦插

繁殖育苗。

一、空心菜的植物学特征

空心菜在长期的栽培和选种过程中，形成了旱蕹菜和水蕹菜两种生态类型，两者之间虽然在生物学特性上有较大差异，但在植株形态上基本相同。

1. 根

根系分布较浅，为须根系，再生能力强。即使用种子繁殖，其主根长出不久亦停止生长，然后，从根基部生出许多不定根。根长可达 40 厘米，根群主要分布在 20～30 厘米厚的耕作层内。

2. 茎

茎(图 3-1)蔓生，圆形而中空，柔软，绿色或淡紫色，茎粗1～2 厘米。茎有节，每节除腋芽外，还可长出不定根，节间长 3.5～5 厘米，最长的可达 7 厘米。腋芽萌发力强，可进行扦插繁殖。

图 3-1 空心菜茎、叶

3. 叶

子叶对生，马蹄形。真叶互生，叶面光滑，全缘，极尖，叶脉网状，中脉明显突起，叶为披针形，长卵圆形或心脏形。叶宽8～10厘米，最宽的可达14厘米，叶长13～17厘米，最长可达22厘米。叶柄较长，为12～15厘米，最长者为17厘米。

4. 花

花(图3-2)为漏斗形，似牵牛花，白色或淡紫色，腋生，完全花。

图3-2　空心菜白色花

5. 果实

果实为蒴果(图3-3)，卵形，含2～4粒种子。种皮坚硬而厚韧，黑褐色，千粒重32～37克。

图3-3　空心菜蒴果

二、空心菜对环境条件的要求

1. 温度

空心菜性喜高温、高湿环境。种子在15℃以上开始发芽，扦插繁殖腋芽萌发初期须保持在30℃以上，出芽才能迅速整齐；蔓叶生长适温为25～30℃，温度较高，蔓叶生长旺盛，采摘间隔时间愈短。空心菜能耐35～40℃高温，15℃以下蔓叶生长缓慢，10℃以下蔓叶生长停止，不耐霜冻，遇霜茎叶即枯死。

种藤窖藏温度宜保持在10～15℃，并有较高的湿度，不然种藤易冻死或枯干。

2. 光照

空心菜属高温短日照作物，南方部分品种对日照的要求很严格，不能开花结籽（如藤蕹），只能采用藤蔓进行无性繁殖的方法进行生产。但目前广泛栽培的品种（子蕹）对短日照的要求没有藤蕹严格，能开花结籽。空心菜喜日照充足，但较耐阴，因此，生产上可密植栽培。

3. 水分

空心菜根系发达，尤其是不定根多，吸收水分能力强，但其叶片大、蒸发量大，且栽培密度高，需水量大，所以需要较为湿润的环境。环境湿度低，则藤蔓粗老，严重影响品质，产量也明显下降。相对而言，子蕹的耐旱能力较藤蕹强，故常在旱地栽培。同时，空心菜具有较强的耐涝性，是多雨季节的一种主要叶菜。

4. 土壤及营养

空心菜对土壤质地及酸碱度的要求不严格，在黏土、壤土及沙质土中均可良好生长，并且可栽培于陆上旱地，也可作水生栽培。蕹菜生长旺盛，需肥量大，尤其对氮肥的需量较大，且也比较耐肥。

三、种类与品种

(一)种类

空心菜按能否结籽分为子蕹和藤蕹两个类型;按对水的适应性,可分为旱蕹和水蕹。旱蕹品种适于旱地栽培,味较浓,质地致密,产量较低;水蕹适于浅水或深水栽培,茎叶比较粗大,味浓,质脆嫩,产量较高。因此,水上空心菜浮床栽培要选用水蕹品种。

1. 子蕹

子蕹是结籽类型,主要用种子繁殖,也可扦插繁殖。生长势旺盛,茎较粗,叶片大,叶色浅绿,夏秋开花结籽,是主要的栽培类型。目前,栽培较多的品种有以下几种:

(1)白花种:叶长心脏形,茎叶肥大,淡绿色,花白色,质地柔嫩,品质佳。国内各地均有栽培,如广州的大骨青、大鸡白、大鸡黄,杭州的白花子蕹等。

(2)紫花种:叶长心脏形,茎叶肥大,叶淡绿色,茎与花带淡紫色,纤维较多,品质较差,抗逆性强。该品种在广西、湖南、湖北均有栽培。

(3)吉安大叶蕹菜:吉安地方品种。

2. 藤蕹

藤蕹是不结籽类型。一般很少开花、结籽,利用茎蔓扦插繁殖。多数在水田或沼泽地栽培,也可旱地栽培。其质地柔嫩,品质最佳,生长期长,产量高。比子蕹耐寒,怕干旱,对水肥的要求高。常栽培的品种有湖南藤蕹、广州的细通菜、丝蕹、四川的藤蕹等。

(二)常用品种

1. 泰国空心菜

由泰国引进。叶片竹叶形,呈青绿色,梗为绿色;茎中空,粗壮,向上倾斜生长。耐热耐涝,夏季高温多湿生长旺盛,不耐寒,适于高密度栽培。质脆、味浓,品质优良,亩产量3000千克左右。适宜南北方旱地或浅水栽培。

2. 吉安空心菜

江西地方品种。植株半直立,茎叶茂盛,株高42~50厘米,开展度35厘米。叶大,心脏形,深绿色,叶面平滑,全缘。茎管状,绿色,中空有节。生长期较长,每亩产量3000~3500千克。适宜南北方旱地或浅水栽培。

3. 柳叶青梗空心菜

湖南省地方品种。植株半直立,株高25~30厘米,开展度12厘米。茎浅绿色,叶戟形,绿色,叶面平滑,全缘,叶柄浅绿色。早熟,生长期210天,亩产量2500~3000千克。适宜南北方旱地或浅水栽培。

4. 大叶空心菜

江西省优良农家品种。植株半直立,茎叶茂盛,叶片长,心脏形,深绿色。茎管状,中空有节。花腋生,漏斗状,白色。种子褐色,坚实。适应性强,抗逆性强,耐高温、高湿,产量高。适宜南北方旱地或浅水栽培。

5. 大骨青空心菜

广东省广州市地方品种。其植株生长势强,分枝较少,茎纤细,青黄色,光滑,节疏。叶片长卵形,深绿色,叶脉明显。抗逆性强,稍耐寒,耐涝,耐风雨。质软,产量高,品质优良。一般亩产量5000~7000千克。适宜南北方旱地或浅水栽培。

6. 联星白壳空心菜

广东省地方品种。植株生长旺盛，分枝较多。茎浅绿至白色，茎粗大，横径1.5厘米，节细而密。叶片长卵形，上端短尖，基部心脏形，长25厘米，宽6.5厘米。叶脉明显。叶柄长14厘米，青白色。质嫩而薄，柔软，品质佳，产量高。南方播种至初收60～70天，连续采收150～170天，亩产量在7000千克以上，是港澳市场喜欢的品种。适宜在浅水或浮水中栽培。

7. 青叶白壳空心菜

广东省地方品种。植株生长壮旺，分枝较多。茎粗大，青白色，节细而较密。叶片长卵形，上端尖长，基部盾形，深绿色。叶脉明显。叶柄长，青白色。适应性强，质地柔软而薄，品质优良产量高。一般亩产量5000千克左右，适宜南北方旱地或浅水栽培。

8. 丝蕹

丝蕹又名细叶空心菜，南方喜食的品种。植株矮小，叶片较细，呈短披针形，叶色深绿。茎细小，厚而硬，节密，紫红色，叶柄长，抗逆性强，耐寒、耐热、耐风雨，适于旱地栽培，亦可浅水中栽培。其质脆、味浓，品质甚佳，但产量稍低，亩产约为2500千克。

9. 台湾竹叶空心菜

引进品种。叶片竹叶形，青绿色，梗为绿白色，茎中空、粗壮，向上倾斜生长。耐热、耐涝，夏季生长旺盛，不耐寒，适于高密度栽培。嫩枝可陆续采收2～3个月，质脆、味浓，品质优良，亩产可达3000千克以上。适宜在浅水或深水中栽培。

10. 四季柳叶空心菜

四季柳叶空心菜其叶细尖长，近似柳树叶，采收期长，且叶子变化不大，梗淡绿色，生长快速，质嫩，清脆爽口。该品种抗热耐湿，旱地、沙土地、水田均可栽培。

11. 香港纯白大叶空心菜

从香港引进，茎白特脆、质柔软、纤维少，叶片较大，心叶卵型，淡绿色，叶柄长13厘米，耐热。在南方全年均可栽培。

四、育苗方式

水上栽植空心菜育苗是关键，苗的好坏直接关系到经济效益。因此，空心菜无论采用种子繁殖育苗还是采用茎蔓扦插繁殖育苗都要选择沙土或壤土，周围有水源的育苗地。

（一）种子繁殖育苗

空心菜用种子露地育苗一般地温在15℃以上即可播种，当苗高15～20厘米时移栽到浮床上定植。

1. 购种及选种

（1）空心菜种子新陈鉴别：选用的空心菜种子，其贮存时间最好不要超过2年。

①感官鉴别：通过对空心菜种子的色泽、光洁度、气味及种仁特征进行鉴别。首先，用鼻子闻闻种子是否有清香气味，凡有清香气味的是新种；无清香味或有霉酸味就是陈种，或陈种中掺入了新种。

当初步确定种子是新种或大部分是新种后，再进行外表鉴别。空心菜种子特征是外种皮着生有稀短茸毛、新鲜、棕灰色，种皮黄白色，有光泽。然后，用小铁锤打开种壳，如种胚和胚乳新鲜，呈黄白或白色，有油色光泽，不粉碎，有清香气味，即是新种，否则便是陈种。

②发芽试验：利用催芽法进行发芽试验，能十分准确地鉴别空心菜种子的新陈。据试验，在一般贮藏条件下，空心菜种子贮藏期在1年以内，发芽率可保持在95%～100%；贮藏2年，发芽

率为80%～95%;贮藏3年,发芽率为30%～40%;贮藏4年以上,发芽率极低,甚至完全丧失发芽能力。

采用发芽试验来鉴别空心菜种子的新陈十分准确,但比感官鉴别麻烦,需消耗种子较多。

(2)选种的方法

①粒选:粒选就是根据种子的特征如颜色深、籽粒大等进行逐粒挑选,剔除霉变、虫蛀、破损、畸形、个小的种子以及其中的杂物。

②水选:水选就是利用水的浮力将漂浮在水表面上的空秕种子除去的方法。

(3)用种量:空心菜种子大,用种量多,点播时每亩用种量约1千克,撒播每亩用种量为0.8～1.2千克(1亩育苗地保证30万株幼苗,可以移栽10亩水面)。

2. 营养土准备

(1)育苗地的选择:育苗时,应选择沙土或壤土的土地,育苗的土地周围要有水源,因为空心菜生长过程必须有足够的水。另外,育苗地要远离工业区,才能保证生产出来的蔬菜没有污染。

育苗一般分期分批进行,也就是一块地的苗长到20天左右,另外再选一块地再播种,这样就能保证不同时期都能有不同大小的苗,同时,也能分期把苗移栽到水面上的浮床上,以保证不同时期都能采收到鲜嫩的空心菜。

因为培育的空心菜要进行移栽,所以苗床地选好以后,要配制营养土,以便移栽时保留完整的根系。

营养土的配制方法很多,不同的种植户可以根据自己的不同需要和自己的不同条件而定,并且营养土要在播种前10～15天准备好。

(2)床土的配制:床土选择无农药残留、麦田、玉米田耕层土壤，施过普施特、咪草烟、豆磺隆、胺草醚的土壤坚决不可使用。

配制营养土的各成分均要过筛，去除杂物。在配制过程中要根据有机肥的种类、肥力和土壤等营养土各组成成分的性质来决定适宜的配比，如果肥力不足，还可加入少量的速效氮肥（如尿素）和磷、钾肥。但化肥要与营养土充分混匀，用量要少，以免烧根。

配制营养土时，一般充分腐熟的优质有机肥占30％～70％，肥田土占70％～30％，可根据肥力情况确定是加入过磷酸钙或磷钾复合肥（一般不超过0.5％）和尿素（通常不超过0.1％）。为避免苗期发生猝倒病、立枯病等，园土应选择未种过蔬菜的大田土壤配制营养土，尽量避免选用多年种植过蔬菜的园土，尤其是种植过瓜类蔬菜的园土。肥田土以沙壤土最为适宜。在土质酸性较高的地区（如南方的红壤土），配制营养土时可加入适量的石灰，既起中和酸的作用又增加土壤中钙的含量；土壤黏重的地区，营养土中可加入一定量的粗沙或蛭石，提高土壤的透水性和通气性。如果是用穴盘等育苗，可用蛭石和草碳按1∶1（播种用）或1∶2（分苗用）比例配制，进行无土育苗，也可用充分腐熟的优质有机肥代替蛭石。同时每立方营养土加入复合肥2千克左右，营养土要充分混匀。

（3）床土消毒：床土混合均匀后必须消毒，尤其是苗床建在重茬地或使用旧苗床时更要注意消毒，常用的消毒方法有以下几种：

①福尔马林（40％甲醛）消毒法：福尔马林加水配成100倍液向床土喷洒，1千克福尔马林可喷4000～5000千克床土。喷后拌匀，加盖塑料薄膜闷2～3天即可杀菌。然后揭膜，经10余天后药味散尽，即可用于育苗。

②多菌灵（50％）消毒法：每平方米的苗床、10厘米厚的床土，用60％多菌灵可湿性粉剂8～10克加100倍的水溶解后配

成溶液喷洒床土，均匀拌合，注意床土喷药后不可太湿。然后盖塑料薄膜，2～3 天后即可杀灭病原菌。揭膜通气，10 余天后药味散尽可用于育苗。

③石灰消毒法：这种方法适用于南方偏酸性的针叶腐殖质土，不仅能杀菌，还可起中和作用，改变土壤的 pH 值。碱性土及中性土不适用。消毒方法是将 100 克石灰粉均匀拌入 1 立方米培养土内，经 7～15 天后可使用。

④代森锌消毒法：将 65％代森锌粉剂 50～70 克均匀拌入 1 立方米培养土内，用塑料薄膜覆盖 3～4 天，随后揭去薄膜 1 周，待药气挥发后使用。

3. 种子处理

空心菜种子的种皮厚而硬，若直接播种会因温度低而发芽慢，如遇长时间的低温阴雨天气，则会引起种子腐烂。因此，宜进行浸种、催芽。

(1)消毒、灭菌

①物理消毒

Ⅰ. 温水浸种：空心菜种子浸种先用 55～60℃的温水烫种 2 小时，再用 20℃左右的温水浸泡。夏、秋季节需要 6～10 小时，春初需要 12～20 小时。

Ⅱ. 高温烫种：在两个容器中分别加入等量的冷水和开水，水量为种子量的 3 倍。先把选好的种子倒入开水中，迅速搅拌 3～5 秒，立即将另一容器中的冷水倒入，使水温降低，搅拌至 30℃左右，在室温下浸种 3～4 小时，可杀死种子表面的病原菌。

Ⅲ. 强光晒种：春季选择晴好天，将种子摊在草席或纸等物体上，厚度不超过 1 厘米，在阳光下暴晒，每隔 2 小时翻动 1 次，使其受光均匀。晒种除可杀菌外，还可促进种子后熟，增强种子活力，提高发芽势和发芽率。但晒种时，种子不要直接放在水泥板、铁板或石头等物上，以免影响种子的发芽率。

②药剂消毒：药剂浸种可杀死种子表面所带的病菌，防止种子传染病害。药剂处理种子应严格掌握药剂的浓度和处理的时间。如浓度太低或时间太短则起不到杀菌的作用，但浓度过高或处理时间过长，则会伤害种子，影响发芽。一般在用药剂浸种前先将种子用清水预浸4～6小时，种子用药剂浸种后要用清水冲洗干净。

Ⅰ.多菌灵浸种：用50%可湿性多菌灵粉剂2克兑水1000毫升的比例配成药液，然后，将种子放入其中浸泡1小时，取出冲洗干净，浸种催芽，可以预防炭疽病。

Ⅱ.代森铵浸种：用500倍50%代森铵水剂浸泡空心菜种子0.5～1小时，然后用清水洗净。

Ⅲ.抗菌剂401浸种：用10%抗菌剂401配成500倍药液，将种子浸泡其中30分钟，捞出待用，可杀死种子上带有的枯萎病菌、炭疽病菌等。

Ⅳ.磷酸三钠法：用10%的磷酸三钠溶液浸泡空心菜种子20分钟，捞出后洗净，对空心菜病毒病防治效果较好。

Ⅴ.漂白粉消毒法：用2%～4%的漂白粉溶液浸泡空心菜种子0.5小时，取出用净水冲洗，可防治一些细菌性病害。

Ⅵ.甲醛浸种：用15%甲醛溶液浸种15小时，捞出用水冲净。或用40%甲醛100倍液浸种0.5小时，取出用水反复冲净。

Ⅶ.药粉拌种：用40%拌种双可湿性粉剂或50%福美双可湿性粉剂拌种，用药量为种子重量的0.3%～0.4%。

Ⅷ.甲霜灵等浸种：用25%甲霜灵可湿性粉剂与70%代森锰锌可湿性粉剂9∶1混合，加水稀释1500倍液浸种；或用40%拌种双可湿性粉剂或50%福美双可湿性粉剂拌种，用药量为种子重量的0.3%～0.4%，可预防猝倒病。

(2)浸种催芽：经消毒、灭菌处理过的种子经漂洗干净后沥干水分，然后放入可漏净水的容器(如瓷缸、瓦罐、木桶、塑料桶等)中，上面用湿麻袋片盖严。催芽环境温度保持在25～30℃，每隔6小时左右用25℃温水喷洒淘洗1次，经过2～3天，有50%～60%的种子露白(图3-4)时，即可进行播种。

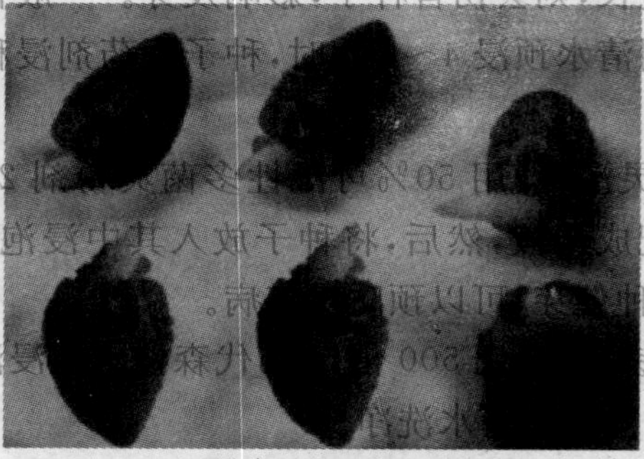

图3-4　催芽后的空心菜种子

4. 播种方法

空心菜育苗从利用的设施上可分为露地育苗和保护地育苗两种，但空心菜移栽鱼塘的栽培模式中因为水面浮床空心菜栽培只作为改善水体、增加收益的一种辅助措施，不需要过多的投资，因此，一般只采用露地育苗。

(1)整地施肥：选好的苗床，要先翻土、整平，并在整平的土地周围垒起一圈高40～50厘米的垄台，以备在苗长出以后灌溉之用。

空心菜需肥水较多，宜施足基肥，在整地时均匀的将基肥撒施在畦面上，一般每亩施入腐熟的有机肥2500～3000千克或人粪尿1500～2000千克、草木灰50～100千克，充分与土壤混匀，耙细整平，然后起畦，畦宽1.3～1.5米，高约20厘米。

(2)播种：无论是撒播、条播或点播，都要保证1亩育苗地有30万棵苗左右，可移栽10亩水面。早春播种一般采用撒播，用种量大。迟播采用条播或点播，条播或点播比较方便，便于除草及管理。点播时穴距 15～20 厘米，每亩用种量约 10 千克，播后用细土覆盖，浇足水；撒播每亩用种量为 15～20 千克，播后盖细土约 1 厘米，或用细齿耙浅耙使种子埋入土中，然后，用遮阳网或稻草覆盖，浇水保湿，以利发芽。

5. 播后管理

（1）设立拱架：露地育苗，除了苗畦外，基本不用其他设施。

近年来，随着经济的发展，科学技术的进步，在夏季露地育苗过程中，开始在苗床上设立拱架（图 3-5），上覆纱网，以防害虫入侵造成病毒病的发生；也有的在苗床上覆遮阳网、草苫子、苇帘子，或顶部盖旧塑料薄膜，用来降低阳光照射强度，防止大雨拍淋、降低气温，从而创造更适于秧苗生长的环境条件。播后 5～7 天出苗后，要揭开覆盖物。

图 3-5 拱架

（2）及时剥壳：出苗后对部分种壳未脱落（图 3-6）的进行人工摘帽，应在早上浇水后种壳未干时用手轻轻将其摘除，尽量避免弄伤子叶。

图 3-6　带种壳的幼苗

(3)通风:齐苗后注意拱棚内温度,棚温白天以 20～25℃为宜,超过 30℃可在晴天中午揭膜放风、排湿和淋水,甚至阴雨天气也要适当揭膜放风,促使幼苗迅速生长,以防闷死秧苗或烂根倒苗。

由于定植后的环境条件与育苗床的环境条件有较大的差异,为提高幼苗对定植后环境的适应能力,有利于定植后的缓苗和生长,定植前应进行幼苗锻炼。炼苗时逐渐加大放风量,当外界温度达 15℃以上时,可除去拱棚。

(4)松土:除去拱棚以后,当土壤水分过多、发生板结,或为提高育苗床的地温时可进行松土。松土可用竹签或 8 号铁丝砸成的小锄,将表土撬松或锄松,破土深度以不伤根为原则。松土可在幼苗出齐后、2 片子叶展平时进行 1 次。

(5)叶面追肥:空心菜对肥水需求量很大,除施足基肥外,还要追肥。苗长到 10 厘米左右时,要给育苗地灌水,并可根据苗的长势,适当追施 1～2 次稀薄粪水,以促进发苗。

(6)准备移植:苗期一般不需要间苗,只是适当的除草即可,当苗长到 15～20 厘米时,就要做好幼苗移植到水面浮床上了的准备。

(二)茎蔓扦插繁殖育苗

1. 苗床准备

茎蔓扦插育苗的苗床的消毒同种子育苗的苗床。消毒后的苗床做成高畦,畦宽约1米。

2. 种藤插播

一般在2月中旬至2月下旬将种藤从窖中取出或从市场上购买空心菜植株,除去叶片,把茎蔓按4～5节剪成一段,然后将种藤按间距15厘米左右均匀插播于苗床(让芽伸出土外)(图3-7),然后浇透水,上面设立塑料薄膜拱架。

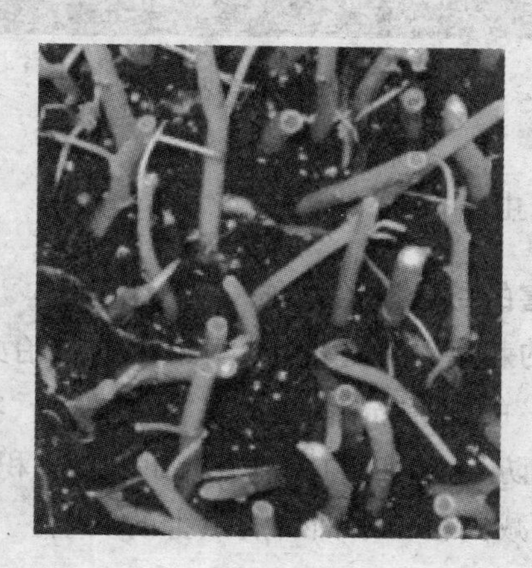

图3-7　茎蔓扦插育苗

3. 扣棚后的管理

(1)温度:扣棚后,棚温白天以20～25℃为宜,超过30℃及时通风。

芽出齐后,晴天时,白天应敞开棚膜,进行空气交换和接受阳光。待侧枝长7～10厘米、外界温度达15℃以上时,可除去拱棚。

(2)剪取侧枝：待侧枝长到 20 厘米(图 3-8)时，基部留 2 节剪取侧枝进行移植，以后每隔 7～8 天可根据需要再剪取侧枝用于移植。

图 3-8 待剪取的植株

五、苗期病虫害防治

(一)病虫害的综合防治措施

在空心菜的栽培管理过程中，病虫害的防治必须实行“预防为主，综合防治”的植保方针，坚持以“农业防治、物理防治、生物防治为主，化学防治为辅”的无害化治理原则，积极有效地防治各种病虫害，以减少移植水面后病虫害的发生。

1. 农业防治

(1)抗病品种：根据当地主要病虫害发病情况，选用高抗、多抗的品种。

(2)采种、引种和种子处理：采种应从无病的地块和无病株上采种，以避免种子带病菌。

引进种子时，要尽可能地从无病区引种，以减少种子带病菌的可能性。

播种前应对种子进行消毒处理，可采用温烫浸种或药剂处理以杀死种子所带的病菌。

(3)选好苗床：苗床要选择地势高燥、背风向阳、排水方便、土壤肥沃的田块。床土选择无农药残留、麦田、玉米田耕层土壤，施过普施特、咪草烟、豆磺隆、胺草醚的土壤坚决不可使用。

(4)培育壮苗：培育适龄壮苗，提高抗逆性。

(5)搞好田间卫生：空心菜移栽后，要及时清除田间的残枝败叶和杂草，集中深埋或烧毁，可消灭很多害虫，减少虫口密度。地头、田边的杂草，有的是害虫的寄主，有的是越冬场所，及时清除、烧毁也可消灭部分害虫。

(6)科学合理施肥：肥料以腐熟的农家肥、有机肥、生物肥为主，禁用已被工业“三废”污染和城镇生活弃物污染的沙泥，禁止用污水作灌溉水，控制氮肥等化肥的使用量，可降低重金属、硝酸盐和亚酸盐的含量，降低有害物质的残留量。

2. 生物防治

生物防治是利用有益的生物消灭有害生物的病虫害防治措施。采用微生物制剂如苏云金杆菌；微生物源农药如阿维菌素、农用链霉素、浏阳霉素、农抗 120、新植霉素及植物源农药如藜芦碱、苦参碱、印楝素等生物农药防治病虫害。

成虫期可施用性引诱剂防治害虫。

3. 物理防治

物理防治是利用物理方法抑制或杀死病源菌或害虫来控制病虫害发生发展的方法。

(1)杀虫灯诱杀：利用害虫成虫的趋光性、趋化性，在成虫发生期在田间或水面设置黑光灯诱杀成虫，以减少产卵量。杀虫灯悬挂高度一般为灯的底端离地(水面)1.2～1.5 米，每盏灯控制面积一般在 20～30 亩。

(2)黄板诱杀:蚜虫和白粉虱具有强烈的趋黄性,利用这一特性,在田间或水面多竖黄色板,涂上机油,可粘杀害虫。黄板规格 25 厘米×40 厘米,每亩悬挂 30～40 片。

(3)纱网挡虫:在栽培畦上覆盖纱网,可阻挡害虫进入危害。

4. 化学防治

在害虫发生较严重时,必须进行化学药剂防治。化学药剂的施用要遵守保护天敌、喷药与收获有足够的间隔时间、低毒、低残留等原则。

(1)对症下药,防止污染:各种农药都有自己的防治范围和对象,只有对症下药,才会事半功倍;否则,用治虫的药治病,治病的药防虫,只会是劳而无功,徒费农药,事倍无功,得不偿失。

(2)时机适宜,及时用药:适宜的用药时间,一是要有利于施药的气象条件,二是要病、虫生物生长发育中的抗药薄弱环节时期。此期用药有利于大量有效地杀伤病虫生物,施药时间还应考虑药效残毒对人的影响,必须在对产品低污染、微公害的时期施药。

(3)浓度适宜,次数适当:喷施农药次数不是越多越好,量不是越大越好;否则,不但浪费了农药,提高了成本,而且还可能加速病、虫生物抗药性的形成,加剧污染、公害的发生。在病虫害防治中,应严格按照规定,控制用量和次数来进行。

(4)适宜的农药剂型,正确的施药方法:尽量采用药剂处理种子和土壤,防止种子带菌和土传病虫害。喷药应周到、细致。高温干燥天气应适当降低农药浓度。

(5)交替施用,提高防效:用两种以上防治对象相同或基本相同的农药交替使用,可以提高防治效果,延缓对某一种农药的抗性。

(6)保护天敌:在施用农药时,注意采用适当剂型,保护天敌。

(7)安全用药：绝大多数农药对人畜有毒，施用中应严格按照规定，防止人、畜及天敌中毒。

(二)苗期主要病虫害的防治

1. 猝倒病

猝倒病俗称“烂倒”、“腐头”，是蔬菜苗期常发、广发、多发的最严重病害之一，全国各地均有发生。

(1)为害症状：主要危害幼苗的嫩茎。种子在苗床出土前发病引起烂种。子叶展开后染病的，苗基呈浅褐色水渍状，后出现基腐，子叶未凋萎，苗却已猝倒，全株迅速枯死。病株附近成为发病中心，病苗成片猝倒。

(2)发病规律：空心菜苗期猝倒病属真菌土传病害。病菌在土壤中或病残体上越冬，从根部、茎基部侵染幼苗发病。病菌随灌溉水、雨水、带菌的堆肥或农具等传播蔓延。苗床内低温、高湿条件不利于菜苗生长，抗病力降低，而有利于病菌生长繁殖。土壤温度在15～16℃时病菌繁殖很快，超过30℃时病菌受到抑制，土温在10℃左右时最适发病。最初常在苗床浇水后积水处或棚膜滴水处出现发病中心，然后向四周扩散蔓延。一般在苗期阴雨天多、光照不足，播种过密，苗床通风条件差、土壤湿度过大时猝倒病危害重。

(3)防治方法

①种子处理：播种前用55～60℃的温水烫种2小时，再用20℃左右的温水浸泡催芽后播种；或用25％甲霜灵可湿性粉剂与70％代森锰锌可湿性粉剂9∶1混合，加水稀释1500倍液浸种；或用40％拌种双可湿性粉剂或50％福美双可湿性粉剂拌种，用药量为种子重量的0.3％～0.4％。

②备好苗床：选择地势高燥、背风向阳、排水方便、土壤肥沃的田块设苗床。营养土不用带菌的旧床土、菜园土，选用无病菌新土，施足腐熟基肥。

③苗期管护：播前苗床浇足底水，苗期浇水时，一定选晴天喷洒或小水勤浇。播种后的苗床气温应控制在20～25℃，地温保持在16℃以上。在保温的同时，要及时通风换气，阴天也要适时适量通风排湿，严防幼苗徒长染病。

④药剂防治：一旦苗床发病，应及时拔除病苗，并尽快提高地温，撒干土或草木灰，降低土壤湿度，并及时喷药防治，可选用25%甲霜灵可湿性粉剂300倍液；64%杀毒矾可湿性粉剂500倍液；40%乙膦铝可湿性粉剂200倍液；72.2%普力克水剂350～400倍液；70%代森锰锌可湿性粉剂400～500倍液；75%百菌清可湿性粉剂500倍液等。应注意喷洒幼苗嫩茎和发病中心附近病土。严重病区，可用上述药剂兑水50～60倍，拌适量细土或细沙在苗床内均匀撒施。

2. 白锈病

空心菜白锈病(彩图1)由于白锈菌引发的病害，发生比较普遍，一般在多雨、湿度大的年份为害比较严重。

(1)为害症状：危害叶片和茎部，以叶片症状为常见。被害叶面初现淡黄色斑点，后渐变褐，斑点大小不等(一般4～16毫米)，近圆形至不规则形。在相应的叶背出现白色稍隆起的疱斑，数个疱斑常融合为较大的疱斑块，随着病菌的发育，疱斑越来越隆起，终致破裂，散出白色粉末，此即为本病病征(病菌孢子囊)。发病严重时，叶片病斑密布，病叶呈畸形，不能食用。茎部被害，患部呈肿大畸形，比正常茎增粗1～2倍。

(2)发病规律：以卵孢子随病残体遗落土中或附在种子上越冬。卵孢子主要形成于根和茎基部的肿瘤内，每年落到土壤中的量很大。在生长季节，此菌主要靠孢子囊随风传播进行再侵染。孢子囊萌发适温为20～35℃，最适温度为25～30℃。病害发生与湿度关系密切，寄主表面具水膜，病菌才能侵入。孢子囊在叶片幼嫩阶段侵染。

此外，轮作可大大减少土中的卵孢子数量，间隔1年可减少87%，与水稻轮作两年查不到卵孢子。

（3）防治方法

①选用无病种子或用种子重量0.3%的35%甲霜灵拌种。

②该病仅局限于侵染旋花科蔬菜，因此，育苗时要选择未种过此类蔬菜的地块。

③注意田间排水。

④药剂防治：在发病初期喷洒58%甲霜灵·锰锌可湿性粉剂500倍液；或50%甲霜铜可湿性粉剂600～700倍液；或64%杀毒矾可湿性粉剂500倍液；或40%三乙膦酸铝（霜疫灵）可湿性粉剂250～300倍液；或72.2%普力克水剂800倍液，隔7～10天1次，连续防治2～3次。

3. 根腐病

根腐病是由真菌半知菌亚门腐皮镰孢霉菌侵染引起的病害。近年来，根腐病的发生几乎遍及全国，且涉及各个品种蔬菜。一般病田病株率20%～40%，严重地块高达50%～80%。

（1）为害症状：苗期、成株期均可发病，成株期发病较重。初发病时植株稍萎蔫，检视根茎部变为褐色至黑褐色略凹陷，表皮呈湿腐状。湿度大时病部生出稀疏的稍带粉红色的霉状物，即病菌分生孢子梗和分生孢子。严重株经半个月左右即枯死。

（2）发病规律：以菌丝体、厚垣孢子或菌核在土壤中及病残体上越冬。尤其厚垣孢子可在土中存活5～6年或长达10年，成为主要侵染源。病菌从根部伤口侵入，后在病部产生分生孢子。借雨水或灌溉水传播蔓延，进行再侵染。高温、高湿利其发病，连作地、黏土地发病重。

（3）防治方法

①选用抗病品种。

②采用高畦育苗，认真平整土地，防止大水漫灌及雨后苗床

积水，苗期发病要及时松土，增强土壤透气性。

③施用酵素菌沤制的堆肥或充分腐熟的有机肥。使土壤有机质含量高于2%，适量施用化肥，防止土壤酸化。施用有机添加物，如动物粪便、锯末、骨粉、饼肥、蔗渣、菇类堆肥、泥炭等可防止根腐病的发生。

④科学管理水分，防止水分过多，过量，避免高湿条件出现，可减少发病。

⑤药剂防治：发病初期，喷洒或浇灌50%甲基硫菌灵可湿性粉剂500倍液；50%多菌灵可湿性粉剂500倍液；60%防霉宝超微可湿性粉剂800倍液；50%苯菌灵可湿性粉剂1500倍液，采收前3天停止用药。

4. 褐斑病

褐斑病（彩图2）主要是由立枯丝核菌引起的一种真菌病害，广泛分布于世界各地。

(1)为害症状：主要危害叶片。初为黄褐色小点，后扩展成圆形至椭圆形，或不规则形黑褐色病斑，直径4～8毫米，边缘明显。发病重的，病斑相互连结，病叶黄枯而死。

(2)发病规律：以菌丝体在病叶内越冬，翌年产出分生孢子，借空气传播蔓延。连作地、前茬病重、土壤存菌多；或地势低洼积水，排水不良；或土质黏重，土壤偏酸；氮肥施用过多，栽培过密，株、行间郁蔽，不通风透光；种子带菌、有机肥没有充分腐熟或带菌；早春多雨或霉雨来得早、气候温暖空气湿度大；秋季多雨、多雾、重露或寒流来得早时易发病。

(3)防治方法

①选用地势高燥的田块，并深沟高畦栽培，做到雨停不积水。

②播种后用药土做覆盖土，移栽前喷施1次除虫灭菌剂，是防治病虫的重要措施。

③使用的有机肥要充分腐熟，并不得混有上茬本作物残体。

④育苗的营养土要选用无菌土，用前晒3周以上。

⑤合理密植，及时去除病枝、病叶、病株，并带出田外烧毁，病穴施药或生石灰。

⑥药剂防治：58%甲霜灵·锰锌可湿性粉剂500倍液；50%甲霜铜可湿粉剂600～700倍液；64%杀毒矾可湿性粉剂500倍液；40%三乙膦酸铝（霜疫灵）可湿性粉剂250～300倍液；72.2%普力克水剂800倍液；50%咪鲜胺可湿性粉剂（保利多）500～1000倍液；70%安泰生可湿性粉剂500～700倍液；25%阿米西达悬浮剂悬浮剂1000～1200倍液；50%扑海因可湿性粉剂1000～1500倍液；10%世高水分散颗粒剂800～1200倍液。连续防治2～3次。

5. 轮斑病

轮斑病（彩图3）是由匐柄霉菌引起空心菜的一种分布广泛的重要病害，显著降低产量和产品质量。

（1）为害症状：主要危害叶片。叶上初生褐色小斑点，扩大后呈圆形、椭圆形或不规则形，红褐色或浅褐色。病斑较大，（2.5～32）毫米×（1.5～28）毫米，平均13毫米×9毫米。叶上病斑较少，有时多个病斑遇合成大斑块，具明显同心轮纹。后期轮纹斑上现稀疏小黑点，即病菌分生孢子器。

（2）发病规律：病菌在病残体内越冬，翌年春天随雨水溅淋，近地面叶片先发病，并进行多次再侵染。雨水多的年份，生长郁蔽的地块发病重。

（3）防治方法

①清除地上部枯叶及病残体，并结合深翻，加速病残体腐烂。

②药剂防治：发病初期，喷洒1∶0.5∶（160～200）波尔多液；或45%代森铵水剂1000倍液；或75%百菌清可湿性粉剂

600～700 倍液；或 58%甲霜灵·锰锌可湿性粉剂 500 倍液，隔 7～10 天防治 1 次，连续防治 2～3 次。

6. 花叶病

空心菜花叶病是由多种病毒复合浸染引起的病害。

(1)为害症状：叶片变小，畸形，皱缩，叶质粗厚，生长明显受阻。

(2)发病规律：由多种病毒复合侵染引起。毒源来自田间越冬的杂草或种子。播带毒的种子，苗期发病，在田间通过蚜虫或汁液接触传染。桃蚜传毒率最高，萝卜蚜、棉蚜也可传毒。该病发生和流行与气温有关，平均气温在 18℃以上，病害扩展迅速。

(3)防治方法

①选用抗病品种。

②适期播种，播前、播后及时铲除田间杂草。

③发现蚜虫及时防除，减少传毒。

④药剂防治：发病初期，喷洒 20%病毒 A 可湿性粉剂 500 倍液；或抗毒剂 1 号水剂 300 倍液；或 83 增抗剂 100 倍液，每隔 10 天左右 1 次，连续防治 3～4 次。

7. 腐败病

蕹菜腐败病又称立枯病，是由真菌引起的病害。

(1)为害症状：腐败病是全株性病害。发病初期叶片上出现水浸状病斑，后渐扩至叶柄和茎部，产生褐色斑或腐败，后期在叶柄或茎上产生大量暗褐色菌核。

(2)发病规律：以菌丝体或菌核在土中越冬，且可在土中腐生 2～3 年。菌丝能直接侵入寄主，通过水流，农具传播。病菌发育适温 24℃，最高 40～42℃，最低 13～15℃，适宜 pH 值为 3～9.5。播种过密、间苗不及时、温度过高易诱发该病。

(3)防治方法

①加强苗床管理,科学放风,防止苗床或育苗盘高温高湿条件出现。

②苗期喷洒植宝素 7500～9000 倍液或 0.1%～0.2%磷酸二氢钾,可增强抗病力。

③用种子重量 0.2%的 40%拌种双拌种。

④苗床或育苗盘药土处理:可单用 40%拌种双粉剂,也可用 40%拌种灵与福美双 1∶1 混合,每平方米苗床施药 8 克。也可采用氯化苦覆膜法,即整畦后,每隔 30 厘米把 2～4 毫米的氯化苦深施在 10～15 厘米处,边施边盖土,全部施完后,用地膜把畦盖起来,12～15 天后播种定植。

⑤药剂防治:苗期喷洒植宝素 7500～9000 倍液或 0.1%～0.2%磷酸二氢钾,可增强抗病力。

发病初期,喷淋可用 20%甲基立枯磷乳油(利克菌)1200 倍液;5%井冈霉素水剂 1500 倍液;10%立枯灵水悬剂 300 倍液;15%恶霉灵水剂 450 倍液;15%消灭灵(代铜制剂)水剂 600 倍液;45%土菌消水剂 450 倍液;80%新万生可湿性粉剂 600 倍液;72.2%普力克水剂 800 倍液加 50%福美双可湿性粉剂 800 倍液喷淋,每平方米 2～3 升。视病情隔 7～10 天 1 次,连续防治 2～3 次。

8. 叶斑病

叶斑病是由帝纹尾孢病菌引起的病害。

(1)为害症状:主要危害叶片,其次是叶柄和茎蔓。开始叶面生黄色至黄褐色病斑,边缘不大明显。病斑受叶面限制成圆形或不规则形,后期病斑颜色渐深,四周具黄色晕圈。有的表面破裂,后全叶枯死。湿度大时,病斑表面可见浅灰色霉层。

(2)发病规律:病菌以菌丝体或分生孢子座附着在病株残体或寄主上越冬,翌春进行初侵染。生长期产生分生孢子,遇适宜温湿度条件进行再侵染。潮湿多雨季节或反季节栽培有利其发病。

(3)防治方法

①移栽后及时清洁育苗地，扫除枯枝残叶，以减少菌源积累。

②药剂防治：发病初期，喷洒30%绿得保悬浮剂400倍液；或60%琥胶肥酸铜悬浮剂500倍液；或14%络氨铜水剂300倍液；或1∶1∶200倍式波尔多液，每隔7～10天1次，连续防治3～4次。

9.炭疽病

炭疽病(彩图4)是由真菌引起的病害。

(1)为害症状：主要危害叶片及茎部，幼苗受害可致死苗。叶片染病病斑近圆形，暗褐色，斑面微具轮纹，其上密生小黑点，病斑扩大并融合，致叶片变黄干枯。茎上病斑近椭圆形，稍下陷。

(2)发病规律：病菌以菌丝体和分生孢子盘在病组织内越冬。以分生孢子进行初次侵染和再侵染，借雨水溅射传播。在生长季节，遇天气高温多雨，施用氮肥过多，植株长势过旺，茎叶交叠郁蔽，易发病。

(3)防治方法

①选用早熟新品种，如大鸡白、丝蕹等耐风雨品种。

②多菌灵浸种：用50%可湿性多菌灵粉剂2克兑水1000毫升的比例配成药液，然后，将种子放入其中浸泡1小时，取出冲洗干净，浸种催芽，可以预防炭疽病。

③药剂防治：苗床期发病始期，喷洒70%多菌灵可湿粉800～1000倍液；或50%福美双粉剂600～800倍液；或40%多硫悬浮剂500～600倍液；或30%氯氧化铜700倍液；或77%可杀得的600倍液，每隔10天1次，连续防治2～3次。

10.病毒病

空心菜病毒病(彩图 5)是由烟草花叶病毒、黄瓜花叶病毒和甜菜曲顶病毒多种病毒单独或复合侵染,是空心菜上主要病害之一,分布广泛,危害严重。

(1)为害症状:全株受害,叶片上心叶症状尤为明显。病株矮缩,叶片变小,畸形皱缩,叶质粗厚。

(2)发病规律:烟草花叶病毒可借助汁液摩擦传毒,甜菜曲顶病毒可借助叶蝉和菟丝子传毒,黄瓜花叶病毒主要借助蚜虫传毒。田间农事操作和有利于虫媒传毒的天气条件,对本病发生有利。品种间抗病性尚缺少调查。

(3)防治方法

①因地制宜选用抗病品种。

②若发现初发病株,应及早拔除并妥善处理,还应加强喷施叶面营养剂,并可以把叶面营养剂与 5%菌毒清水剂混合施用,每隔 5～10 天 1 次,连续防治 3～4 次,前密后疏,以促进植株生长,减轻受害。还可试用高锰酸钾 600～1000 倍液穿插或接后单独喷施 2～3 次。

③药剂防治:全生育期要治蚜虫,避蚜、防蚜。可用 50%辟蚜雾可湿性粉剂 2000～3000 倍液;或 40%乐果乳油 1000 倍液,50%马拉硫磷 1000 倍液,50%菊马乳油 2000～3000 倍液,或 20%速灭杀丁 5000 倍液。发病初期喷施 20%病毒 A 可湿粉剂 500 倍液,或 1.5%植病灵乳剂 1000 倍液,或抗毒剂 1 号 300 倍液,每隔 7～10 天 1 次,连续防治 2～3 次。

11.叶枯病

叶枯病(彩图 6)是由黄单胞菌引起的病害。

(1)为害症状:主要为害叶片,严重时,也可为害嫩茎和叶柄。多从叶缘开始发病,沿叶缘向里呈黄褐色至红褐色坏死,形成半圆形至不规则形坏死斑，后扩大呈不规则状，严重时病斑相互连接成片，导致叶枯死或腐烂。嫩茎和叶柄染病，呈水渍状变褐坏死，后腐烂或干缩，后期常从病部折倒。

(2)发病规律：病原主要通过种子带菌传播蔓延。

(3)防治方法

①种子消毒：在70℃恒温条件下，灭菌72小时；或用50℃温水浸种20分钟，捞出晾干后催芽播种，或用40%福尔马林150倍液浸种1.5小时，用清水冲洗干净后催芽播种。

②农业防治：及时清除病叶。

③药剂防治：发病初期，喷洒72%农用硫酸链霉素4000～5000倍液；或新植霉素4000～5000倍液；或47%加瑞农可湿性粉剂800～1000倍液；或77%氢氧化铜可湿性粉剂500倍液。每隔7天喷1次，连续治疗2～3次。

12. 菌核病

菌核病是由核盘菌引发的病害，自发现以来发生面积呈逐年上升趋势。

(1)为害症状：主要危害茎部和茎基部。发病初期在病部现水渍状褐变，湿度大时长出棉絮状白色菌丝，致病组织腐烂或折倒。后期在菌丝间形成黑色鼠粪状菌核。

(2)发病规律：低温、湿度大或多雨的早春或晚秋有利于该病发生和流行，菌核形成时间短，数量多。连年种植葫芦科、茄科及十字花科蔬菜的田块、排水不良的低洼地或偏施氮肥或霜害、冻害条件下发病重。植株与植株之间或同一植株的各器官之间的传播必须依靠病健部位的直接接触，由病部长出白绵毛状菌丝体传染。多雨潮湿时，病害还会迅速蔓延。发病后期，在病茎、病荚内外或病叶上产生大量菌核，落入土壤、粪肥、脱粒场或夹杂在种子、荚壳及残屑中越冬。发病条件是在花期，温暖、高湿的环境条件易造成病害猖獗流行。

(3)防治方法

①选用大骨青、大鸡青、丝蕹等耐寒品种或大鸡白、大鸡黄、剑叶等耐风雨的品种,可减轻发病。

②药剂防治:发病初期,喷洒 5%速克灵;或 50%农利灵可湿性粉剂,每隔 7～10 天 1 次,连续防治 2～3 次。

13. 灰霉病

灰霉病是作物常见且比较难防治的一种真菌性病害,属低温高湿型病害。

(1)为害症状:灰霉病病苗色浅,叶片、叶柄发病呈灰白色,水渍状,组织软化至腐烂,高湿时表面生有灰霉。幼茎多在叶柄基部初生不规则水浸斑,很快变软腐烂,缢缩或折倒,最后病苗腐烂枯萎病死。

(2)发病规律:病原菌在病残体上越冬,春天借气流和雨水传播,进行初侵染和再侵染。在低温高湿条件下易流行,温暖高温条件下病情扩展也较快。

(3)防治方法

①避免低温高湿条件出现,提温降湿是防病的根本措施。秧苗移栽后及时清除病残体,集中烧毁或深埋。合理浇水和施肥,雨后及时排水,防止发病条件出现。

②药剂防治:发病初期喷 65%甲霉灵可湿性粉剂 1500 倍液,或 50%腐霉利可湿性粉剂 1500～2000 倍液,或 45%特克多悬浮剂 4000 倍液,或 75%的百菌清可湿性粉剂 600～800 倍液。隔 7～10 天喷 1 次,连续 2～3 次。

14. 卷叶虫

卷叶虫是一种以幼虫吐丝卷叶,在卷叶内取食叶肉来进行危害的害虫,主要危害空心菜和其他旋花科植物。

(1)为害症状:初孵幼虫多在心叶、嫩叶鞘内,啃食叶肉,呈小白点状。2 龄幼虫啃食叶肉留皮，呈白色短条状，吐丝纵卷叶尖 1.5～5 厘米。3 龄幼虫啃食叶肉呈白斑状，纵卷叶片虫苞长 10～15 厘米。4 龄以上幼虫暴食叶片，食肉留皮。

（2）发病规律：卷叶虫的发生与环境条件有关，偏高温、低湿有利于发生。

（3）防治方法

①在早春杂草萌发之际，喷洒除草剂灭除田间地边的杂草。

②药剂防治：用青虫菌剂 600～800 倍或百菌清 100～200 倍稀释浓度喷洒。

15. 斜纹夜蛾

斜纹夜蛾在全国均有发生，主要为害区在长江流域和黄河流域的中、下游各省，是一种多食性害虫。

（1）为害症状：主要以幼虫为害，小龄时群集叶背啃食。3 龄后分散为害叶片、嫩茎、老龄幼虫可蛀食果实。

（2）发病规律：一般春夏开始发生，夏秋高温季节常易暴发，特别在高温干旱年份可能性较大。

（3）防治方法

①清除杂草，收获后翻耕晒土或灌水，以破坏或恶化其化蛹场所，有助于减少虫源。

②结合管理随手摘除卵块和群集危害的初孵幼虫，以减少虫源。

③利用成虫趋化性配糖醋（糖∶醋∶酒∶水＝3∶4∶1∶2）加少量敌百虫诱蛾。

④药剂防治：必须强调在幼虫低龄期用药，扑灭在暴食期之前。由于幼虫白天不出来活动，故喷药宜在傍晚进行。常用药剂有：90％晶体敌百虫或 50％敌敌畏乳油 800～1000 倍液；50％马拉硫磷乳油 500～800 倍液或 50％辛硫磷 1000 倍液；20％杀灭菊酯乳油 1500～2000 倍液；20％灭幼脲Ⅰ号或Ⅲ号制

剂 500～1000 倍液，5％抑太保或 5％农梦特、5％卡死克乳油 2000 倍液。隔 7～10 天 1 次，连续防治 2～3 次，喷匀喷足。

16. 白粉虱

白粉虱是蔬菜栽培的主要害虫，分布广、危害重，严重制约了蔬菜的产量和质量。

（1）为害症状：白粉虱为害时，主要群集在叶片的背面，以刺吸式口器吸吮植株的汁液，被害叶片褪绿、变黄，植株长势衰弱、萎蔫，成虫和若虫分泌的蜜露，堆积在叶片和果实上，易发生煤污病，影响光合作用和降低果实的商品性。白粉虱的各种虫态均可在温室植株上越冬或继续为害。成虫常雌雄成双并排栖于叶背，成虫羽化后 24 小时就可交配，交配后 1～3 天即可产卵。还可进行孤雌生殖，后代均是雄虫。成虫具有趋黄、趋嫩、趋光性，并喜食植株的幼嫩部分，可利用这些特性诱杀白粉虱成虫。虫态在植株上分布从上向下为成虫、卵、若虫、蛹。

（2）发病规律：露地的白粉虱于春末夏初数量上升，夏季高温多雨时虫口有所下降，秋季迅速上升至高峰。

（3）防治方法

①播种前，将前茬作物的残株败叶及杂草清理到田外深埋或烧毁。蔬菜生长期间加强管理，摘去枯死的黄叶、病叶，并带到田外烧毁。

②利用白粉虱的趋黄性，可在育苗地设置 1 米×0.1 米的橙黄色板，在板上涂上 10 号机油（加入少量黄油）。每亩设 30～40 块，诱杀成虫效果较好。黄板设置高度与植株高度相平。隔 7～10 天再涂 1 次机油。

③药剂防治：可用 10％吡虫啉 2000 倍液；25％的扑虱灵 2500 倍液；25％的灭螨锰 1200 倍液；10％的联苯菊酯（天王星）；2.5％溴氰菊酯（敌杀死）3000 倍液；20％灭扫利乳油 2000～3000 倍液；25％敌杀死；20％的氰戊菊酯（速灭杀丁）

2000倍液；三氟氯氰菊酯(功夫)3000倍液喷洒，每周1次，连喷3～4次，不同药剂应交替使用，以免害虫产生抗药性。喷药要在早晨或傍晚时进行，此时白粉虱的迁飞能力较差。喷时要先喷叶正面再喷背面，使掠飞的白粉虱落到叶表面时也能触到药液而死。

17. 蚜虫

蚜虫又称蜜虫、油虫、腻虫、蚁虫等，是蔬菜生产中发生最普遍、为害最重的一种害虫，也是最难防治的害虫之一。

(1)为害症状：成蚜和若蚜群集在植株嫩叶及生长点处，吸食植物汁液，受害部位出现褪绿小点，使叶片卷曲变黄，重者枯萎，造成植株全身失水营养不良，生长缓慢，甚至枯死。蚜虫还可分泌出一种蜜露，阻碍植株的正常生长，更为严重的是，蚜虫是多种蔬菜病毒的传毒媒介，导致蔬菜病毒病发生，造成更大的经济损失。

(2)发病规律：平均气温在23～27℃，相对湿度在75％～85％时，为害最重，繁殖最快。

(3)防治方法

①在早春杂草萌发之际，喷洒除草剂灭除田间地边的杂草。

②尽量避免和其他瓜类作物在一起种植，尤其是早春季节。

③诱杀法：可用长1米，宽0.2米的纤维板或硬纸板，先涂一层黄色油漆，待干后，再涂一层有黏性的黄色机油，把此板插到田间，高出作物30～60厘米，每亩插30～35块，每隔7～10天重涂一层机油。

④药剂防治：在蚜虫点片发生阶段，喷洒50％抗蚜威可湿性粉剂2000倍液；或50％辟蚜雾可湿性粉剂2000倍液；或40％乐果乳油1000倍液；或10％蚜虱净可湿性粉剂600～800倍液；或2.5％溴氰菊酯乳油5000倍液；或20％速灭杀丁3000倍液等药剂，每隔7～10天1次，连续防治2～3次。

18. 红蜘蛛

红蜘蛛俗称“火龙”，体形微小。常群集叶背面吸食叶内汁液，严重时叶片卷缩干枯，生长停滞，产量减少。

（1）为害症状：红蜘蛛以成螨和若螨为害植株。叶片受害后形成枯黄色至红色细斑，严重时全株叶片干枯，植株早衰落叶，结瓜期缩短，影响空心菜的产量和品质。一般先为害植株下部叶片，然后逐渐向上蔓延。

（2）发病规律：红蜘蛛在温度10℃以上即可繁殖，而卵期随温度的升高而缩短，15℃时卵期为13天，20℃时为6天，24℃时为3～4天，29℃时只需2～3天。红蜘蛛为孤雌生殖，最适生育温度是25～30℃，最低温度为7.7℃，相对湿度超过70％时，不利于繁殖，所以常在高温干旱时发生严重。

（3）防治方法

①在早春杂草萌发之际，喷洒除草剂灭除田间地边的杂草。

②药剂防治：用1.8％农克螨乳油2000倍液；或20％灭扫利乳油2000倍液；或20％螨克乳油2000倍液；或20％双甲脒乳油1000～15000倍液喷雾，每隔7～10天1次，连续防治2～3次。

六、壮苗标准

壮苗是获得丰产的基础，育苗的目的是要求育成壮苗。

1. 苗龄

苗龄可分为绝对苗龄和生理苗龄。绝对苗龄又叫日历苗龄，是指幼苗的生长天数；生理苗龄是指幼苗的发育大小。在正常情况下，壮苗的标准是在南方日历苗龄25～30天，北方35天内能长出4～5片真叶，株高15～20厘米，叶片深绿，茎秆粗壮，根系发达，无病虫害。如果绝对苗龄大于生理苗龄，即幼苗生长天数多，而幼苗小，就是俗称的“僵苗”或“老化苗”。如果生理苗龄大于绝对苗龄，即生长天数少而幼苗大，则是俗称的“徒长苗”或“弱苗”。

2. 形态

健壮的幼苗表现为叶大而肥厚；叶片颜色浓绿而有光泽；下胚轴和茎基部节间短而粗；根系发达而色白；花器官分化发育正常；无病虫害。

第二节　人工浮床的搭建

水面浮床种植技术最早应用于地表水体的污染治理和生态修复，随着此技术的长期实验与运用，它的经济性和实用性得到业界广泛的认同，从而也派生出不同类型的种植浮床。以材料分有泡沫板、竹制、木制等。

1. 竹浮床

竹浮床（图 3-9）全部采用竹子材料（竹子必须要直，最好采用水竹，或者将普通竹子进行防腐、防晒爆），按照宽 1.2 米的长度把竹子截断，然后把截好的竹子摆好，先把 4 根竹子用尼龙扎带固定出一个大框架。然后再把剩下的竹子按照 15 厘米的宽度依次固定在框架上，固定好竹子以后，再把竹筒或 PVC 管按照 10 厘米×15 厘米的距离，用尼龙扎带固定在竹架上，然后修整一下，这种用竹子做原料的一个竹叶菜浮床就做好了。做好的浮床要保证宽度不超过 1.2 米，这样采收起来更方便，但浮床的长度不限，可以根据竹子的长度。浮床做好以后，把浮床固定在选好的水面上。

图 3-9 竹浮床

竹浮床取材容易，造价成本较低。但床体自重大，易吸水，易腐烂。

2. 聚苯乙烯发泡塑料板浮床

以聚苯乙烯发泡塑料板作为浮床（图 3-10）种植时，根据植物的生长特点确定每块浮床模板尺寸及植物栽种孔穴的大小、间距，把设有植物栽种孔穴的浮床模板一块块连接而成。此方式种植面积大，不灼伤空心菜，但造价成本较高。

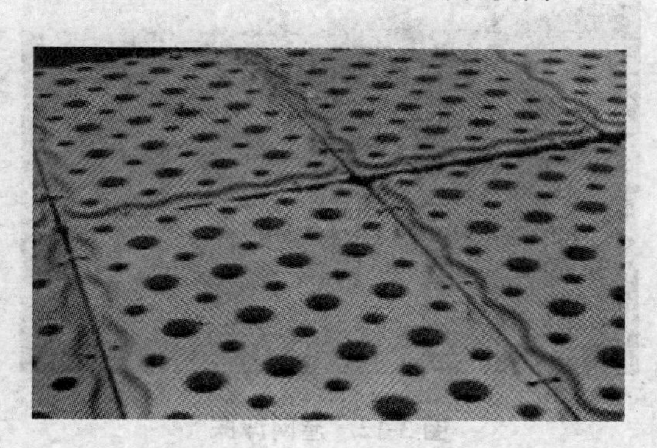

图 3-10 聚苯乙烯发泡塑料板浮床组装

3. PVC 塑料管材浮体

PVC 塑料管材(图 3-11)浮床经密封处理后制成 PVC 塑料管材浮体,结合网片组成浮床,具有重量轻,寿命长等特点。

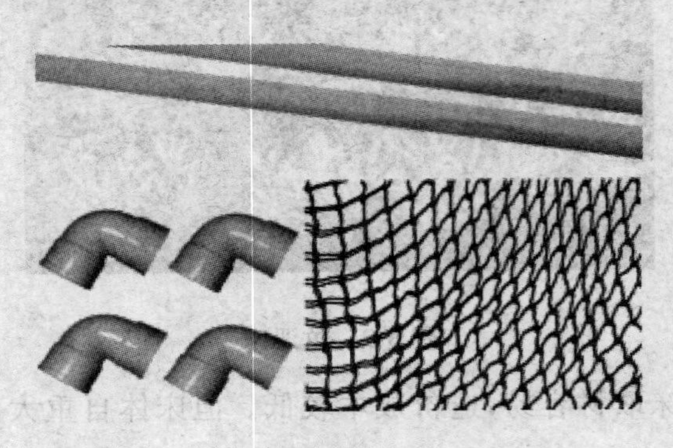

图 3-11　PVC 塑料管材及网片

4. 渔网浮床

渔网浮床(图 3-12)两根网纲分别固定在河的两岸,网纲上固定一定数量的浮体,保持整张网浮在水表面。

图 3-12　渔网浮床

5. 组合式浮床

组合式生物浮床由多个载体组成，每个单元由浮篮、种植篮、种植介质、连接扣以及水生植物5部分组成。组合式生物浮床可根据各自条件进行购买，浮床组装可以根据要求进行组合。

第三节　移栽

水面移栽空心菜可根据水深情况灵活应用。如果水体较深，可在陆上扎好浮床、栽植好空心菜后放入水中；如果水体较浅，也可在水中进行建造浮床、栽植空心菜。总之，以方便工作人员操作为原则。

1. 移栽前的准备

当日平均气温为15～20℃，南方日历苗龄25～30天，北方35天，株高15～20厘米时，开始移栽。移栽前1天把育床灌满水，这样把苗从育床上起出的时候，因为土地湿润不会伤到苗根。

起苗时，先挑长的大一点的苗拔，就像间苗一样，分期分批进行，尽量不要影响到剩下的苗继续生长。

把拔好的苗根部的泥土用清水洗掉，以免把土里的细菌带到水里，影响空心菜在水里的生长。

如果拔下来的苗没有及时移栽到浮床，可以先把苗根部的泥土洗掉以后，放到盛有清水的盆里，把空心菜的根泡到水盆里暂时储存，水的高度以刚泡过根部为准，这样苗可以在盆里保鲜7天左右。

2. 移栽方法

把处理好的苗移栽到水面浮床上，要尽量缩小苗根暴露在空气中的时间。先把苗根插到浮床上的定植篮或定植钵内，然后，用海绵把苗根固定好。每一个定植篮或定植钵内只栽 1 颗苗，一般 1 平方米浮床栽植 49 株。

第四章　池塘饲养管理

池塘养殖的效益，要通过池塘的日常饲养管理才能实现。池塘管理的内容很多，其中鱼的管理包括饲料投喂、水质管理、施肥、防病等；空心菜的管理包括空心菜的早期根部保护及采收等。

第一节　鱼的管理

池塘养鱼，一方面要求为鱼类创造一个良好的生活环境，另一方面又要使鱼类不断得到量多质好的天然饵料和人工饲料。

一、淡水鱼类的生活习性

1. 栖息环境

根据鱼类栖息活动水层不同，可分为上层鱼类、中层鱼类和底层鱼类。如鲢鱼栖息在水上层；鳙鱼栖息于水的中上层；草鱼、团头鲂等，栖息在水的中下层；草鱼常活动于池塘多水草的边岸；团头鲂喜生活在底质多污泥并长有沉水植物的敞水区；青鱼喜清新的水域环境，平时施动在水的中下层；鲤鱼生活在水的底层；鲫鱼一般喜栖息在多水草的浅水区域；罗非鱼随昼夜、季节水温的变化而改变其活动水层；黄鳝、鳗鲡则喜在泥底钻洞。

2. 淡水鱼类的食性

淡水鱼类的种类繁多，食性各不相同，但各种幼鱼均以其卵黄为营养，幼鱼多以小型浮游生物为食。随着年龄增长，食性开始分化。如以浮游生物为主食的鲢鱼、鳙鱼，以无脊椎动物（螺、蚬类、水蚯蚓等）为主食的青鱼、鲤鱼等，以水生、陆生植物为主食的草鱼、团头鲂等，以鱼类为食料的凶猛鱼类如大口鲶鱼、鳜鱼等。

鱼每天的摄食量，当年鲤鱼为其体重的6%，两年鲤鱼为2%；鲢鱼14克活重时，食量为其体重的17%，58克重时为12%；食草的鱼食量最大，如草鱼可达30%～50%。当食物异常丰富时，鱼每天的摄食量可达其体重的100%，但多余的料均未经消化即排出。所以，人工投喂饵料应定时、定量，以减少浪费。

鱼类摄食在摄食方式和时间上也存在差异，如鳜鱼是追捕食物，鲢鱼食浮游生物则随同水流吸入口腔，鲢鱼的白天摄食量占日粮85%，而鲶鱼则喜在夜间摄食。

3.淡水鱼类的生长特性

鱼类一般在性成熟前生长快，如青鱼、草鱼、鲢鱼、鳙鱼在孵化后到第三、第四年生长最快；鲤鱼、鲫鱼、鲂鱼以第二龄生长最快，性成熟后生长明显减慢。

多数雄鱼比雌鱼生长快，因生长与环境，尤其是水温和饵料密切相关，所以，鱼类的生长有明显的周期性。一般1年为1个周期，春季生长较快，夏季达生长速度最高峰，秋季生长速度减弱，冬季生长趋于停滞。

4.淡水鱼类的繁殖特性

鱼类性成熟时间，随品种、环境条件（含水温、饵料丰富与否）不同而不同。条件好、性成熟期可缩短，成熟度好，环境条件差，则性成熟推迟。

性成熟的鱼，在每年的一定季节，周期性地进行产卵（罗非鱼例外，1 年可产卵 5～6 次）。鱼的怀卵量亦随鱼体大小、环境优劣、营养好坏及年龄不同而异。

不同品种鱼的卵粒与水的比重和特性不同，可分为浮游卵，沉性卵和黏性卵等几种。鲫鱼、鲂鱼卵属沉性卵，卵大、质重、卵膜呈黏性，可附于水草上；青鱼、草鱼、鲢鱼、鳙鱼四大家鱼的卵属半浮性卵和漂流性卵，产出后卵膜吸水，可随水漂流，如静置不动，则要下沉水底。

产卵季节以春季为主，可从 3～4 月延长到 6～7 月。淡水养殖的鱼大部分在 4 月后产卵。

二、日常管理

1. 巡塘

池塘日常管理，主要是巡塘检查，观察鱼活动吃食情况，有无残剩饵料，有无死鱼、病鱼情况发生，有无敌害，看池塘水质的肥瘦及混浊度，如发现问题，必须立即采取措施。

每天早、中、晚巡塘 3 次。黎明是一天中溶氧最低的时候，要检查鱼类有无浮头现象。如发现浮头，须及时采取相应措施。午后 2～3 点是一天中水温最高的时候，应观察鱼的活动和吃食情况。傍晚巡塘主要是检查全天吃食情况和有无残剩饵料，有无浮头预兆。酷暑季节，天气突变时，鱼类易发生严重浮头，还应在半夜前后巡塘，以便及时采取措施制止严重浮头，防止泛池事故。

此外，巡塘时要注意观察鱼类有无离群独游或急剧游动、骚动不安等现象。在鱼类生活正常时，池塘水面平如镜，一般不易看见鱼。如发现鱼类活动异常，应查明原因，及时采取措施。巡塘时，还要观察水色变化，及时采取改善水质的措施。

2. 做好鱼池清洁卫生工作

池内残草、污物应随时捞去，清除池边杂草，保持良好的池塘环境。如发现死鱼，应检查死亡原因，并及时捞出。死鱼不能乱丢，以免病原扩散。

3. 经常用 pH 试纸测试池水

如发现 pH 值过低，说明酸性过高，钙离子少，可用每亩 10～15 千克生石灰兑成糊状全池泼洒，不但能改善水质，增加钙的含量，还能起到消毒防病作用。

4. 池水注、排水

掌握好池水的注、排水工作，保持适当的水位。

5. 适量种植鱼类喜食的青饲料

选择合适的青饲料品种，做到轮作、套种、搞好茬口安排，及时播种、施肥和收割，提高青饲料的质量和产量。

6. 做好设备维护

合理使用渔业机械，搞好渔机设备的维修保养和用电安全。

7. 做好池塘管理记录和统计分析

每个池塘都应有养鱼日记，对各类鱼种的放养及每次成鱼的收获日期、尾数、规格、重量，每天投饵、施肥的种类和数量以及水质管理和病害防治等情况，都应有相应的表格记录在案，以便统计分析，及时调整养殖措施，并为以后制定生产计划，改进养殖方法打下扎实的基础。

三、常用饲料及投喂

饲料是发展养鱼生产的重要物质基础。在池塘养鱼中，除了施肥繁殖鱼类的天然饵料生物外，还必须投喂人工饲料，才能满足各种养殖鱼类对食物的需要，以进一步提高鱼产量。

(一)淡水鱼类的营养需求

鱼类同其他动物一样需要蛋白质、脂肪、碳水化合物、无机盐和维生素等营养物质，以维持其自身的生命活动，如果缺乏其中一种或多种营养物质，将导致生长减慢，发生疾病，长期缺乏将引起鱼类死亡。在鱼类的养殖过程中，这些营养物质来自天然饵料、精饲料和配合饲料。

1. 蛋白质

蛋白质是生命的物质基础，是由多种氨基酸按一定的比例组合而成的有机化合物。组成蛋白的氨基酸有 20 余种，在鱼体中能够自行合成的氨基酸称为非必需氨基酸，在鱼体内不能合成或少有合成的称为必需氨基酸，后者必须由饲料供给。

蛋白质依蛋白的来源不同，可分为动物性蛋白和植物性蛋白两类。动物性蛋白质所含的必需氨基酸较为完全，含量比较高，其营养价值也比植物性蛋白质高。

蛋白质的功能主要在于它是动物机体最为重要的组成成分。降水分外，鱼体一般含有 16%左右的蛋白质。在鱼类的生长、维持生命活动和修补组织等方面，都离不开蛋白质的参与。此外，蛋白质还参与构成酶、激素和某些维生素，调节机体新陈代谢，维持有机体的正常生理机能。当饲料中的糖类和脂肪供应不足时，蛋白质也可以作为能源，供应鱼体所需的能量。

蛋白质在鱼类营养方面的特殊作用，是不能用其他物质代替的，必须由饲料不断供给，如果饲料中缺乏蛋白质，就会影响到鱼类的生长生殖和健康。

常见的淡水养殖鱼类要求饲料中含粗蛋白质 20%～40%，但鱼类对饲料中粗蛋白质的需要量因鱼的种类不同而异。鳜鱼等动物食性鱼类对饲料的蛋白质含量要求较高，草鱼等植物食性鱼类对饲料的蛋白质含量要求最低，鲤鱼、鲫鱼等杂食性鱼类介于两者之间。即使同一种鱼类，在不同的生长发育阶段，对饲料中蛋白质的需求量也有所不同。鱼类的年龄越小，对饲料中蛋白质的需要量越多；年龄越大，则需蛋白质越少。

鱼类对饲料中所含蛋白质的消化利用程度，由于种类、水温、摄食量及饲料的物理和化学性质的不同而有较大差别。鱼类对蛋白质的消化吸收能力较强，特别是对动物性蛋白质的消化率在80%以上。在植物性饲料中，采用粗蛋白质含量较高的大豆、豌豆、扁豆、花生麸等投喂鲤鱼，也可获得较高的消化率。

2. 脂肪

脂肪是一种高能物质，鱼类对脂肪的利用率高达90%以上，其生命力、活动所需的能量，主要由脂肪提供。饲料中粗脂肪，除含脂肪外还包括固醇、磷脂、蜡等类脂物质，它们都参与鱼体各种器官组织（如肌肉、血液、骨骼、神经等）的组成。

脂肪在鱼体中，有助于脂溶性维生素即维生素A、维生素D、维生素E、维生素K及胡萝卜素等的溶解而被鱼类吸收利用外，脂肪还可以提供鱼类所需要的必需脂肪酸，如亚油酸、亚麻酸等不饱和脂肪酸。后者不能在鱼体内合成，只能由饲料供给，如果缺乏，鱼类的生长停滞，抗病能力差，越冬存活率低，因此，鱼饲料中要求有一定的含脂量。

我国一般的淡水养殖品种，多为温水性鱼类，它们对脂肪的需求量较冷水性鱼类低，只要在鱼饲料中添加1%～5%的植物油类，就可使饲料中所含脂肪量得到得补充。

3. 碳水化合物

碳水化合物包括单糖（如葡萄糖、果糖等）、双糖（如蔗糖、乳糖等）和多糖类（如淀粉、纤维素等），它们也是一类能源物质，是生物体利用热能的主要来源之一。虽然鱼类对它利用能力不及脂肪或蛋白质，但其来源广，价格低，原料稳定性较好，目前，依然在鱼饲料中占有较大的比例。

碳水化合物虽然在配制饲料中没有明确的标准，但必须符合饲料中所要达到的标准，才能不影响鱼类对饲料吸收及正常生长发育。因为鱼饲料中的碳水化合物适宜含量随着鱼的种类、食性以及碳水化合物的种类不同而有差别。

此外，还与鱼的年龄、生长季节及水温有关。总的说来，肉食性和冷水性鱼类不宜超过20%，温水性、杂食性或草食性鱼类（草鱼、鲤鱼、鲫鱼等）可以适当增加，一般占30%左右。应特别注意的是，不能随意增加不能为多数鱼类所消化吸收的粗纤维的含量，而应按饲料的标准投放，像草鱼和鲫鱼饲料中粗纤维的含量应是17%，鲤鱼应是12%，其他肉食性鱼类不宜超过8%。如果在饲料中搭配过多的碳水化合物，将会引起鱼体内脏中的脂肪积累过多。对于碳水化合物与粗纤维在饲料中所占的比例必须按标准进行配制饲料，否则会造成大量的浪费，难以产生好的经济效益。

4. *矿物质*

矿物质也称无机盐类，包括常量元素和微量元素两大类。不仅是构成鱼体骨骼组织的重要成分，而且是酶系统的重要催化剂。其营养功能是多方面的，可以促进鱼类生长，提高鱼体对营养物质的利用率。

鱼类生活在水中，通过渗透和扩散等多种途径，可从水中直接吸收一部分无机盐。但是无机盐的主要来源仍然是从饲料中获得，故在饲料中搭配无机盐时，应考虑到水中无机盐的含量状况。

钙、磷是构成鱼类骨骼组织的重要组成部分，如缺乏会影响其骨骼发育，产生类似软骨病的畸形病状。饲料如含有过多的钾、铁、锌、铜、碘，反而会延缓鱼类生长。饲料中铜、铁的含量过低时，鱼体的血球数量将会减少。微量元素则是鱼类体内物质代谢中各种酶、辅酶或酶催化剂的组成部分，具有节约饲料和促进生长的作用。

5. 维生素

维生素是鱼类生长发育过程中不可缺少的营养物质,但它不产生热量,不构成机体组织,也不能从水生动物体内合成,必须从饲料中摄取,虽然需要量很少,但绝不可缺少。维生素是一种活性物质,在鱼体内作为辅酶和辅基的组成部分,参与新陈代谢。如果缺乏某种维生素,体内某些酶活性失调,将会导致代谢紊乱,影响某些器官的正常功能,致使鱼类生长缓慢,对疾病抵抗力下降,甚至死亡。

目前,已知的维生素有 20 余种,广泛存在于各种动植物原料中。根据维生素的物理性质,可以分水溶性维生素和脂溶性维生素两大类。水溶性维生素包括维生素 B_1(硫胺素)、维生素 B_2(核黄素)、维生素 B_3(烟酸)、维生素 B_6(吡哆醇)、维生素 B_{12}(钴胺素)、维生素 C(抗坏血酸)、维生素 H(生物素)以及叶酸、胆碱、肌醇等;脂溶性维生素包括维生素 A、维生素 D(骨化醇)、维生素 E(生育酚)、维生素 K 等。

大多数维生素都是很不稳定的物质,受到温、水、光、碱、热等条件的作用后很容易被溶解或氧化破坏。其中最容易被破坏的是维生素 C 和维生素 A。维生素 C 即使在室温下贮藏也会受到损失,在碱性条件下被破坏的程度更大。因此,要利用维生素平衡技术配制全价饲料工艺,使鱼类在不同生长阶段获得生长所需全价配合饲料的维生素,达到促进其生长的目的。在不同的生长阶段与不同水温中,提高饲料吸收能力,提高饲料的利用率,降低饲料成本,产生最佳经济效益。

(二)淡水鱼类常用的饲料

虽然饲料的分类方法很多,但通常将饲料分为植物性饲料、动物性饲料和配合性饲料 3 种。

1. 植物性饲料

(1)藻类和菌类:藻类是水体中的主要初级生产者,是滤食性鱼类的天然饵料之一，也是其他水生动物的直接和间接饵料。

随着农业科学技术不断进步，藻类的工厂养殖已较普遍，主要培养营养价值高的螺旋藻、小球藻，将其浓缩直接投喂，并加工成藻粉作配合饲料的原料。

（2）青饲料：所谓青饲料是指可以用来作为鱼类饲料的水生和陆生植物的总称。青饲料产量高，营养全面，对草食性鱼类而言，投喂青饲料，其养殖效果与精饲料相似，而成本比投喂精饲料减低30％左右。

①陆生青饲料：陆生青饲料营养丰富完善，适口性好，是碱性饲料。目前，我国栽培较广的品种主要有禾本科的苏丹草、黑麦草、象草、杂交狼尾草、苜蓿、三叶草、紫云英、苕子、草木樨、聚合草、小米草、苦荬菜、浮萍等。

②水生植物：包括挺水植物、丝叶植物、沉水植物和漂浮植物四类。

Ⅰ.挺水植物：根生在泥中，茎和叶挺出水面的植物，常以水陆两栖生活。用作饲料的种类有喜旱莲子草、水芹菜、水竹叶等，一般切碎或打浆后投喂。

Ⅱ.丝叶植物：根扎在泥中，仅叶浮于水面的植物，常见的有马来眼子菜、睡莲、菱、莼菜。

Ⅲ.沉水植物：根生泥中，植物体沉没水中的植物。沉水植物纤维素含量极低，有利于草食性和杂食性鱼类的消化吸收，常见种类有轮叶黑藻、苦草、菹菜、金鱼藻、马来眼子菜。

Ⅳ.漂浮植物：漂浮在水面的植物可以直接喂鱼的有芜萍、稀脉浮萍、紫萍、细绿萍；需切碎打浆后才能喂的有水葫芦、水浮莲等。

（3）谷实类饲料：目前，常用的谷实类饲料主要有豆科和禾本科籽实两种。

豆科籽实养鱼使用最多的是大豆，其蛋白质含量较高，必需氨基酸的含量较多,脂肪也多,是营养较高的饲料,大豆磨成豆浆后饲喂鱼苗是我国传统的培育苗种的方法之一。禾本科籽实主要有小麦、燕麦、荞麦、玉米和高粱,多为淀粉饲料,蛋白质含量较少且品质较低,脂肪含量不高,是一种营养价值不完全的饲料,如用于养鱼最好补充蛋白质多的饲料,效果比单一使用好。

(4)糠麸类:糠麸类是碾米制粉工业的副产品,它与原粮相比除无氮浸出物含量较低外,其他各种养分含量都较高,但由于纤维素较多,消化率低于原粮。

因为糠麸类来源广,在养鱼中常常是制作配合饲料的主要组成成分。其品质因原料和制粉及精制程度不同,成分常有较大差异。目前,应用最广的有花生饼、菜籽饼、芝麻饼、棉籽饼、麦麸、米糠、砻糠、小米糠、高粱糠等。虽然糠麸类饲料单一投喂时饲料效率不高,但生产上仍然主要用来饲喂鱼种,也可饲喂成鱼。鱼种饲养初期,糠麸须先用水浸透磨细投喂,使适于摄食。饲养 1 个月以后,鱼体稍大,投喂的米糠、麸皮可粗些。

(5)树叶类:树叶一般都可以用作喂鱼饲料,如常用的紫穗叶、榆树叶和桑树叶等。可将它们晒干后粉碎,作为配合饲料原料(青饲料干粉)。

(6)糟渣类:如各种酒渣、酱渣、豆渣、粉渣以及酿造业和制粉加工业的副产品干粉都可用于配合饲料的原料。

(7)秸秆藤蔓类:如玉米芯、玉米秆、芝麻秸、油菜秸、高粱秸、蚕豆秸、花生藤、花生壳等。这类粗饲料含粗纤维较多,须晒干后粉碎使用,或用微生物发酵处理,用于配合饲料的少部分原料,可配制成符合各种鱼类的全价配合颗粒饲料。

2. 动物性饵料

(1)浮游动物:长时间生活在水层中不能远距离移动的动物,是鱼苗、鱼种的优质天然饵料,是鲢鱼、鳙鱼的主要饵料。

①原生动物:为单细胞动物,是家鱼和许多观赏鱼的开口饵

料之一。常见的有草履虫、砂壳虫、钟虫等。

②轮虫类：轮虫动物是多种鱼类鱼苗阶段的最佳开口饵料，常见的有臂尾轮虫、色单轮虫、晶囊轮虫、三肢轮虫和多肢轮虫等。

③桡足类：桡足类为小型甲壳动物，体长小于3毫米，其营养价值很高，鱼也喜食，但其运动迅速，鱼苗、鱼种难以捕获，加之繁殖率低，其利用率不如轮虫类高。常见的有剑水蚤、镖水蚤等。

(2)底栖动物：指长时间生活在水底，仅短时间游到水层中的动物，为捕食性鱼类重要的天然饵料。

①水生寡毛类：俗称水蚯蚓，常见的有丝蚓、尾鳃蚓、颤蚓、仙女虫等。

②软体动物：淡水中常见的有圆田螺、螺蛳、河蚬、无齿蚌等。

③水生甲壳类及水生昆虫：水生甲壳类动物主要有虾、蟹、蚌等，水生昆虫主要有蚊幼虫、蝇蚬、浮游稚虫、石蝇和石蚕等。

(3)动物产品：通常用的有鱼粉、蚕蛹、骨肉粉、贝壳粉、羽毛粉等。除此以外，还有动物内脏和屠宰下脚料等。

动物性饲料的营养特性是蛋白含量高，必需氨基酸种类较齐全，含糖分少，几乎不含纤维素，容易被消化，总消化率为85％以上。除蝇蛆、黄粉虫等鲜活饵料直接投喂外，各种动物产品多用作配合饲料的蛋白原料，尤其是蚕蛹，配制全价无公害颗粒饲料是可靠的动物蛋白最佳原料。

3. 配合饲料

鱼用配合饲料是指以鱼类营养等为理论基础，根据鱼类不同种类和不同生长发育阶段对营养素的要求，选用多种原料(包括蛋白质饲料、能量饲料、无机盐和维生素等)，按科学的比例配合，通过加工制成适口性好的一类饲料。这类饲料和一般的混合饲料是有区别的。

(1)配合饲料的优点

①营养价值高,适用于高产集约化经营。

②扩大了饲料来源。

③可按鱼的种类、大小,配制不同营养成分的饲料,使之最适于养殖鱼类的需要。

④可用现代先进的加工技术进行大批生产,适应养鱼生产发展的需要。

⑤适于自动投喂,提高了劳动生产率,有利于向机械化、工厂化方向发展。

(2)配合饲料的选择:配合饲料可选择购买饲料或自行配制。

①购买饲料要注意以下方面问题:

Ⅰ.饲料品质:在感官上要求色泽一致,无异味,无发霉、变质、结块现象,呈颗粒状,表面光滑。原材料的粉碎粒度易小,否则饲料表面积小,接触胃液面积小,不利于鱼类吸收,常规鱼粒度要求 60 目以上。混合均匀度要小于 10%,制粒表皮要光滑,熟化度高,饲料的硬度不能过硬或过于松散,对水稳定性要求 20 分钟不溃散,饲料中水分含量不超过 12%,否则会引起饲料霉变。

Ⅱ.营养物质平衡:选择饲料时,最好对饲料营养价值进行评定,营养价值越高,饲料转化为鱼机体组织越多。许多养殖者认为饲料中蛋白质越高,饲料质量就越好,其实饲料的好坏还要看能量的含量、鱼类必需氨基酸的平衡、必需脂肪酸、微量元素等,只有饲料中营养物质平衡,饲料利用率高,适合鱼类生长,才是优质饲料。

Ⅲ.适口性:鱼用配合饲料一般为颗粒饲料,其适口性好,鱼类消化利用率高。颗粒饲料的粒径应结合养殖鱼类的口径,不宜过大也不宜过小，长度一般应为粒径的2倍，这样才便于鱼类摄食，降低养殖成本。如草鱼每尾1000克，选用5毫米直径的饲料；而每尾小于500克，则选用2.5毫米直径的饲料。

Ⅳ.品牌的选择：国内饲料生产厂家较多，最好选择信誉好、售后服务周到的厂家生产的饲料，同时，结合饲料的价格和质量全面考虑。

②自配饲料的参考配方

【草鱼或鲢鱼的参考配方】稻草粉68.5%，豆饼15%，棉饼10%，玉米面5%，骨粉1%，食盐0.5%。另添加维生素适量。

【草鱼的参考配方】干青草粉(或花生蔓、甘薯蔓)45%，豆饼15%，米糠15%，麸皮10%，鱼粉3.5%，玉米10%，骨粉1%，食盐0.5%。

【鲤鱼的参考配方】干杂鱼30%，豆粕20%，菜粕10%，棉粕7%，次粉10%，玉米5%，麸皮15%，添加剂3%。

【罗非鱼的参考配方】鱼粉9%，虾糠10%，豆粕8%，花生粕27%，次粉33%，玉米9%，槐叶2%，添加剂2%。

【青鱼的参考配方】青干草粉40%，棉籽饼粉30%，豆饼粉10%，菜籽饼粉5%，蚕蛹粉5%，鱼粉5%，大麦粉5%。

【团头鲂的参考配方】鱼粉11%，豆饼5%，菜饼19%，大麦20%，麸皮41%，植物油3%，矿物质1%，维生素适量。

【白鲳的参考配方】鱼粉15%，豆饼20%，花生饼20%，玉米粉25%、麸皮20%。

【鲫鱼的参考配方】蚕蛹粉10%，菜粕20%，棉粕10%，玉米蛋白粉5%，次粉10%，米糠15%，麸皮28%，添加剂2%。

【鲶鱼的参考配方】豆粕21%，花生粕21%，鱼粉10%，米糠47%，添加剂1%。

③单项饲料的加工：池塘养鱼，在放养密度较小的情况下，只要天然饵料能起到相当的作用，也可以使用单项饲料。各种

单项饲料在喂鱼之前，往往需要进行加工处理。

Ⅰ.植物性饲料和动物性饲料的加工：各种饼粕类饲料，在喂鱼之前都要先行粉碎和浸泡。饲养鱼苗时要磨成浆使用，投喂鱼种时，要磨成粉状或糊状，加一定数量的黏合剂制成面团状，再行投喂。对于红薯面、玉米面、大麦屑、土面粉等淀粉质饲料，为了提高其消化率和作为黏合剂的黏性，要先经过加热处理，使淀粉糊化，再进行投喂。

肉类和鱼品加工的下脚料、生鲜杂鱼等大块的动物性饲料要先剁碎或绞碎，然后，加一定数量的粘合剂制成面团状投喂。

生鲜动物性饵料，如蚯蚓、蝇蛆、黄粉虫等一般不要煮熟，喂生的消化率更高，营养成分更好。

Ⅱ.青饲料的加工：一般的青饲料，喂大鱼时，只要去掉杂物，洗净泥沙就可以使用，喂小鱼时，应先行切碎或铡短后使用。

水葫芦、水浮莲和水花生等几种高产水生植物，经加工处理后，鱼更喜欢吃。根据一些地方的经验，水葫芦的处理方法是用1%的石灰水浸泡1小时左右，清水洗净饲喂；水浮莲和水花生则是先行切碎、煮熟，然后，配加米糠和少量食盐（0.5%～1%）拌匀投喂。

有人将水葫芦、水浮莲和水花生3种水生植物加酒曲发酵处理，效果更好。做法是将鲜草切碎，每50千克加米糠1.5～2千克，酒曲25克，密封发酵，温度为24～28℃，1.5～2天后即可取用。

④配合饲料的加工

Ⅰ.粉状配合饲料：首先将各种原料粉碎，然后，按照所需要配制饲料的营养要求确定各种原料的比例，将原料称重后混合，用搅拌机充分拌匀，再测定其营养成分。如含有一定水分的饲料，最好能在加工后几小时内直接投喂，效果最好。

粉状饲料直接投入水中，入水后成为一种胶质悬浮状态，靠水的运动而不会立即下沉，这样就容易被鱼摄食。粉状饲料目前只用于青鱼、草鱼、鲢鱼、鳙鱼、鲤鱼、鲫鱼、鳊鱼等鱼类的鱼苗的喂养。但要特别注意原料的粉碎程度，如果粒度过大，鱼苗无法摄食，就会造成极大的浪费。这里要提醒的是，粉状饲料在水中极易溶失，因此，能够摄食颗粒饲料的鱼，均不喂粉状饲料。

Ⅱ.硬颗粒饲料：饲料原料先经粉碎机粉碎，再经搅拌机混合，最后压成颗粒。在高速闸门混合器内，由干燥蒸汽提供4%～6%的水分，在热量存在的条件下，可以使粗淀粉表面胶质化，从而增加同其他营养成分的粘结作用。经蒸汽作用后，饲料的含水量从10%～12%变为15%～16%，温度为80～85℃。经压制和切短后，送冷干燥器冷却至室温。饲料在冷却过程中，由于收缩而进一步提高密度，逐渐变硬，多为沉性饲料。

Ⅲ.软颗粒饲料：软颗粒饲料的生产过程主要包括粉碎、搅拌、成形、热干燥等程序，由专门的软颗粒饲料机生产。与硬颗粒饲料的制作相比较，所不同的是在加工过程中需要添加水分，因而还需要一个脱水过程。软颗粒饲料机可将各种粉状粗饲料（稻草粉、谷壳粉等）、青饲料（水浮莲、水花生等）、精饲料（鱼粉、米糠、豆饼等）的混合原料加工成颗粒饲料，能保持原料中原有的营养成分，营养比较丰富。

（3）配合饲料的投喂：在养鱼生产中，饲料投喂技术的高低直接影响饲料的转化率及养殖效果，因此，掌握运用好饲料的投喂技术是直接关系到养殖经济效益的重要问题。

①投饵数量的确定：饲料投喂技术，首先是确定投喂量，既要满足鱼生长的营养需求，又不能过量，过量投喂不仅造成饲料浪费，增加成本，且污染水质，影响鱼的正常生长。

Ⅰ.日投喂量的确定：在生产中，确定日投喂量有饲料全年分配法和投喂率表法两种方法。

饲料全年分配法：首先按养殖方式估算全年净产量，再确定所用饲料的饲料系数，估算出全年饲料总需要量，然后，根据季节、水温、水质与养殖对象的生长特点，逐月、逐旬甚至逐天的分配投饲量。

投喂率表法：即参考投喂率和池塘中鱼的重量来确定日投喂量（即日投喂量＝池塘鱼的重量×投喂率，池中鱼的重量可通过抽样计算获得）。

此外，还应根据鱼的生长情况和各阶段的营养需求，可在7日左右对日投喂量进行1次调整，这样才能较好满足鱼的生长需求。

Ⅱ.次投喂量的确定：对一些抢食不快或驯化不好的鱼，一般用平均法确定每次的投喂量（每次投喂量＝日投喂量÷日投喂次数）。驯化较好的鱼摄食一般是先急速，后缓和，直到平静；先水面，后水底；先大鱼，后小鱼；先中间，后周边。每次投喂应注意观察鱼的摄食情况，当水面平静，没有明显的抢食现象，80％的鱼已经离去或在周边漫游没有摄食欲望时，停止投喂。用此法确定每次的投喂量可减少饲料损失，提高饲料的消化吸收率。

②投饵方法：在投饵方法上，应实行“四定”投饵原则。

Ⅰ.定质：草类饵料要求鲜嫩、无根、无泥，鱼喜食；贝类饵料要求纯净、鲜活、适口、无杂质；精饲料要求粗蛋白质高；颗粒饲料要求营养全面、适口，在水中不易散失。不投腐败变质饵料。

Ⅱ.定量：每日投饵量不能忽多忽少，要在规定时间内吃完，以避免鱼类时饥时饱，影响消化、吸收和生长，并易引起鱼病发生。

Ⅲ.定时：必须让鱼类在池水溶氧高的条件下吃食，以提高饵料利用率。通常草类和贝类饵料宜在9∶00左右投喂；精饲料和配合饲料，应根据水温和季节，适当增加投喂次数（指1日投饵量分成多次投喂），以提高饵料利用率。

Ⅳ.定位：鱼类对特定的刺激容易形成条件反射。因此，固定投饵地点，有利于提高饵料利用率，有利于了解鱼类吃食情况和食场消毒，并便于清除剩饵，保证池鱼吃食卫生。特别是投精饲料和配合饲料，要在池边设置投食台。投饵时应事先给予特定的刺激（如敲击等），使鱼集中在投食台附近，然后再投饵。这就防止了饵料散失，提高了饵料利用率。草类投放量大，一般不设食场，否则该处水质易恶化。

必须强调指出，为了降低饵料成本，应坚持做到一年中连续不断地投喂足够数量的饵料。特别是在鱼类主要生长季节应坚持每天投饵，以保证鱼类吃食均匀。据统计，同样的单位投饵量（即每放养 1 千克摄食该种饵料的鱼类一年的投饵量），年投饵次数比正常少 30%～50%（即每次投饵量多），青鱼、草鱼、团头鲂、鲤鱼、鲫鱼的净产量比正常池低 50%，滤食性鱼类的净产量比正常池低 30%。因此，投饵必须要“匀”，“匀”中求足，“匀”中求质的要求。

此外，对于以精饲料或配合饲料为主的鱼池，其投饵量比天然饵料少得多，吃食不易均匀。加上鲤科鱼类无胃，因此只有增加一天中的投饵次数，才能提高饵料的消化率和利用率。一般采用配合饲料的投饵次数和时间为：4 月份和 11 月份每天投 2 次（9：00、14：00）；5 月份和 10 月份每天投喂 3 次（9：00、12：00、15：00）；6～9 月份则每天投喂 4 次（8：30、11：00、13：30、15：30）。

③注意事项：每日的实际投饵量还要根据当地的水温、水色、天气和鱼类吃食情况而定。

Ⅰ.水温：水温在 10℃以上即可开始投喂易消化的精饲料（或适口颗粒饲料）；15℃以上可开始投嫩草、粉碎的贝类，精饵料的投饵量占鱼体重 0.6%～0.8%；水温 20℃以上，投精饵料量占鱼体重 1%～2%；25℃以上，精料投喂量占体重的 2.5%～

3%；水温 30℃以上，精料投喂量占体重的 3%～5%。在鱼病季节和梅雨季节应控制投饵量。

Ⅱ.水色：池塘水色以黄褐色或油绿色为好，可正常投饵。如水色过浓转黑，表示水质要变坏，应减少投饵量，及时加注新水。

Ⅲ.天气：天气晴朗，池水溶氧条件好，应多投。而阴雨天溶氧条件差，则少投。天气闷热，欲下雷阵雨应停止投饵。天气变化大，鱼食欲减退，应减少投喂数量。

④鱼类吃食情况：每天早晚巡塘时检查食场，了解鱼类吃食情况。如投饵后很快吃完，应适当增加投饵量；如投饵后长时间未吃完，应减少投饵量。

4.饲料的贮藏

(1)玉米贮藏：玉米主要是散装贮藏，一般立筒仓都是散装。立筒仓虽然贮藏时间不长，但因玉米厚度高达几十米，水分应控制在 14%以下，以防发热。不是立即使用的玉米，可以入低温库贮藏或通风贮藏。若是玉米粉，因其空隙小，透气性差，导热性不良，不易贮藏。如水分含量稍高，则易结块、发霉、变苦。因此，刚粉碎的玉米应立即通风降温，装袋码垛不宜过高，最好码成井字垛，便于散热，及时检查，及时翻垛，一般应采用玉米籽实贮藏，需配料时再粉碎。

其他籽实类饲料贮藏与玉米相仿。

(2)饼粕贮藏：饼粕类由于本身缺乏细胞膜的保护作用。营养物质外露，很容易感染虫、菌。因此，保管时要特别注意防虫、防潮和防霉。入库前可使用磷化铝熏蒸，用敌百虫、林丹粉灭虫消毒。仓底铺垫也要彻底做好，最好用砻糠作垫底材料。垫糠要干燥压实，厚度不少于 20 厘米，同时，要严格控制水分，最好控制在 5%左右。

(3)麦麸贮藏：麦麸破碎疏松，孔隙度较面粉大，吸潮性强，含脂量多(多达5%)，因而很容易酸败、霉变和生虫，特别是夏季高温潮湿季节更易霉变。贮藏麦麸在4个月以上，酸败就会加快。新出机的麦麸应把温度降至10～15℃再入库贮藏，在贮藏期要勤检查，防止结露、吸潮、生霉和生虫。一般贮藏期不宜超过3个月。

(4)米糠贮藏：米糠脂肪含量高，导热不良，吸湿性强，极易发热酸败，贮藏时应避免踩压，入库时米糠要勤检查、勤翻、勤倒，注意通风降温。米糠贮藏稳定性比麦麸还差，不宜长期贮藏，要及时推陈贮新，避免损失。

(5)叶粉的贮存：叶粉要用塑料袋或麻袋包装，防止阳光中紫外线对叶绿素和维生素的破坏。另外，贮存场所应保持清洁、干燥、通风，以防吸湿结块。在良好的贮存条件下，针叶粉可保存2～6个月。

(6)全价颗粒饲料：因经蒸汽加压处理，能杀死绝大部分微生物和害虫，而且孔隙度大，含水量较少，淀粉膨化后把维生素包裹，因而贮藏性能极好，短期内只要防潮，贮藏不易霉变，也不易因受光的影响而使维生素破坏。

四、池塘的追肥

为了陆续补充水中营养物质的消耗，使饵料生物始终保持较高水平，在鱼类生长期间，需要追加肥料。

在鱼类主要生长季节，由于大量投饵，鱼类摄食量大，粪便、残饵多，池水有机物含量高，因此，水中的有机氮肥高，此时不必施用耗氧量高的有机肥料，而应追施无机磷肥，以保持池水“肥、活、爽”。

1.池塘追肥的原则

(1)以有机肥料为主，无机肥料为辅：有机肥料除了直接作为腐屑食物链供鱼类摄食外，还能培养大量的微生物和浮游生物作为鱼类的饵料，而且容易消化的浮游植物也往往在含有大量溶解有机物的水中生长繁殖。因此，有机肥料是培育优良水质的基础。但有机肥料耗氧量大，在高温季节容易恶化水质，所以在养鱼池塘中，有机肥料以施基肥为主。追肥仅在水温较低的早春和晚秋应用，而在鱼类主要生长季节，水体中有效氮随投饵量的增加而逐渐增长，因此，没有必要再施含氮量高的无机氮肥或耗氧量大的有机氮肥，而此时水中有效磷却极度缺乏，因此，必须及时施用无机磷肥，以增加水中有效磷的含量，调整有效氮和有效磷之间的比例，充分利用池塘内丰富的有效氮，促进浮游植物生长，提高池塘生产力。在池塘养殖中，放养前至3月份施肥量占全年有机肥总量的70%～80%，其余作为追肥在春秋两季施用。

(2)有机肥料必须发酵腐熟：施用有机肥的缺点是由于分解作用，耗掉池水中大量的氧气，造成池塘的污染。因此，施用有机肥要经发酵腐熟后再用，这样就可以降低有机物在夜间的耗氧量，夜间就不易因耗氧因子过多而影响鱼类生长。

(3)追肥要量少次多，勤施少施：在春秋季节，如采用有机肥料作追肥，应选择晴天，在良好的溶氧条件下，采用全池泼洒的方法，勤施少施，以避免池水耗氧量突然增加。

(4)巧施磷肥，以磷促氮：磷肥应先溶于水，待溶解后，在晴天中午全池均匀泼洒。泼洒浓度为鱼特灵(含有效磷20%以上)5毫克/升或过磷酸钙10毫克/升，通常在5～9个月每隔半个月(主要视水质而定)泼洒(或喷洒)1次。泼洒后的当天不能搅动池水(包括拉网、加水、中午开动增氧机等)，以延长水溶性磷肥在水中的悬浮时间，降低塘泥对磷的吸附和固定。通常施用磷肥3～5天后，池中浮游植物将产生高峰，生物量明显增加，氨氮下降，此时，应根据水质管理的要求，适当加注新水，防止水色过浓。

2. 池塘追肥的方法

池塘追肥的种类可分为有机肥和无机肥两种。

(1)追施有机肥

①粪肥:在4～6月份,一般每月每亩追施有机肥量为300千克;7～9月份,由于投饵量大,水质也较肥,可不追肥或少追肥;如投饵量少或几乎没有饵料,水质较瘦时,每月400～560千克;9月以后,天气转凉,水质转凉,水质变淡,一般每月每亩用量200千克左右。施追氮肥时,应采用少量多次的原则为宜。

②绿肥:追施绿肥时每次每亩100～150千克。一般投施绿肥后第二、第三天消耗氧最高,以后逐渐减少。为了保证池水溶氧水平,宜采取少量多次的方法。施绿肥最好施用前也要经过堆沤发酵,使有机物初步分解后再施入池塘。

(2)追施无机肥:化肥宜作追肥,要少量多次、氮磷钾等配比合理。对于养殖鲢、鳙等为主的池塘,应根据池水水质情况及天气情况施肥,一般要求水质透明度在25厘米左右,水色应以茶褐色为佳,1次施肥量不宜过多,注重少施勤施,化肥每次每亩用尿素1千克或硫铵1.5千克,加过磷酸钙1～1.5千克。化肥宜与有机肥配合使用,一般每年3月底施入厩肥,按每亩水面使用500～750千克左右1次施足,以后用化肥作追肥。在4～6月份和9月后适温季节,鲢鱼、鳙鱼生长旺盛时期,化肥应勤施碳酸氢铵或氯化铵,7～8月份高温季节应视鱼类和水质而定,以草食性鱼类为主的池塘,氮肥少施或不施,也可增施磷肥或减少氮肥,以鲢鱼、鳙鱼为主的池塘可照施氮、磷肥。

因氮肥在溶解过程中吸热,会使水温骤降,产生有毒而无肥效的偏磷酸,因此,施氮肥时必须要先溶化。一般化肥用水稀释后,应搅匀全池泼洒。

(3)生物肥的施用方法:生物肥料是一种新型的含有益微生

物的高效复合肥料。一般由有机和无机营养物质、微量元素、有益菌群和生物素、肥料增效剂等复合组成。其既能培肥水体，促进鱼类及饵料生物的大量繁殖生长，又能改善水质，减少病害，有效避免泛塘，促进鱼类的迅速生长。生物肥料具有肥效迅速、持久的特点，可调节水质、改善底质、增加溶氧、减少浮头和泛塘，并可提高免疫能力，预防鱼病。

生物肥应根据不同厂家生产的品种，严格按照使用说明书进行施用，一般晴天上午 10 时左右使用，第二天即会产生水色变化，正常情况下肥效可持久 10 天左右。使用时还应根据天气、放养密度、产量、透明度及时施用，增减用量，每月使用 2～3 次，第一次适当加大使用量。

3. 有机肥和无机肥的配合施用

有机肥料和无机肥料同时使用或交替使用，可以充分发挥两类肥料的优点，又相互弥补了缺点，因而可能得到更好的施肥效果，并节约肥料消耗量。

有机、无机混合肥料比单独施用一种更有利促进微生物的发育。无机的过磷酸钙肥料和有机肥料混合或堆沤后施用，可减少磷素被土壤固定的机会，同时，过磷酸钙和有机肥堆沤有保氮作用，有机肥肥效迟而长久，宜作基肥施用，无机肥效较快而作用时间短，宜配合作追肥施用。有机肥料施入池中后，在分解过程中需消耗大量的氧，如配合无机肥料施用，由于浮游植物大量繁殖，其光合作用产生大量的氧，使池水中含氧量增加，有利于鱼类摄食和生长。故在养鱼生产中，施肥主要是无机肥料和有机肥的配合施用。

根据肥料的性质，有些无机肥和有机肥料可以混合施用，有些则不能混合使用或混合后立即施用，不宜久存，在实际中灵活掌握。

4. 池塘施肥注意事项

施肥数量与次数除了水温、天气、养殖鱼的种类等不同而异外，主要应根据水质的状况来掌握，使池水达到“肥”、“活”、“嫩”、“爽”。而池水的溶氧量，有机物的耗氧量和浮游生物的数量都是池水水质的理化、生物指标，对鉴别水质和控制施肥量非常重要。

在生产中看池塘是否需要追肥，一般是根据池水的透明度和水色加以判断，池水透明度在 25～30 厘米，水色为绿褐色时施用有机肥，则水色为黄绿色或油青色时施无机肥。当然，这些指标不是绝对化的，应根据各方面的情况正确掌握。如天气闷热和阴雨连绵时少施或不施，鱼类摄食或发生鱼病时要少施或不施。

五、池塘水质的管理

在鱼、菜立体种养模式生产中，水质管理也是一项重要的工作。虽然在水面上栽植了一定数量的空心菜，但由于空心菜栽植面积过少、管理水平不高、饵料的投喂量高低不均、进排水不及时、连续多日阴雨、刮强风等诸多不确定因素均会影响池塘的水质。对于出现问题的水质，因移栽空心菜净化水体是一缓慢过程，因此，还应视具体情况采取其他应急措施及时处理，以防止浮头和泛塘现象的出现。

(一)池塘水质的变化规律

对于高密度混养的池塘，因投饵施肥量高，水质肥，有机质丰富，耗氧因子大，倘若对水质控制不力，就容易引起水质恶化，引起鱼类缺氧浮头，因此，溶氧是水质管理的重要指标。

鱼池的溶氧量有昼夜、垂直、水平、季节 4 个显著变化规律。

1. 昼夜变化

白天日照强，水温高，浮游植物光合作用强，产出大量氧气。

到了夜间浮游植物光合作用停止，不但不造氧，反而因呼吸作用消耗氧气，所有水生生物经一夜的呼吸，使池水溶氧量大大下降，所以黎明前后池水溶氧达到最低点。

2. 垂直变化

白天上层水透明度大，日照强，水温高，水的密度比下层水的密度小，在无风的情况下不易形成对流。夜间表层水温随着气温的下降而下降，水的密度增加，即开始下沉，引起上下水层对流。而夜晚的上层水溶氧量已大大减少，此时对流，使下层耗氧量增加，容易造成整个池塘溶氧量减少，易引起池塘内的鱼清晨浮头。

3. 水平变化

池水中溶氧量的水平变化与风力、风向关系密切。在有风的白天浮游植物随风浮动，光合作用强，造氧量多，上下水层容易对流，故池塘下风向溶氧量就多于上风向。夜间则相反，池塘上风向溶氧量比下风向高，故夜间或黎明前鱼类易在溶氧量相对较多的上风向处浮头。

4. 季节变化

夏、秋季节水温高，日照强，浮游生物新陈代谢快，水质肥，耗氧量大，溶氧的昼夜、垂直、水平变化明显，池塘水质变化大，易缺氧浮头。冬、春季节则相反，水质较稳定。

总的来说，池塘的溶氧量、昼夜、垂直、水平和季节的变化大体如此。但如果遇上天气闷热无风、阴天气压低、浮游植物的光合作用减弱，造氧会减少，空气中氧气溶解到水中的数量也就会减少，池塘就易出现缺氧浮头现象。傍晚雷雨以后，池底水温比表层高，热水由底层急剧上升，池底有机物会随之翻起，大量消耗溶氧，恶化水质，就会发生翻塘现象。

可见，池塘溶氧的变化，同日照的强弱、温度的高低，水质的浓淡,鱼类吃食排泄量的多少,塘泥的厚度,有机物的分解等多种因素密切联系在一起,形成多变的动态结构。故要改善池塘溶氧量条件,必须从改变溶氧的不均匀性着手,充分利用晴天上层水域产生的过饱合氧气,相应降低下层水域的耗氧因子,从而提高水体的溶氧量,尽量避免浮头和翻塘现象的发生。

(二)池塘常见的水质类型

池塘养殖中常见的水质类型有 4 种,即肥水水质、瘦水水质、老水水质和转水水质。

1. 肥水水质

肥水水质的水色浓而混浊,呈黄褐色或油绿色,浑浊度较小,透明度适中,一般为 25～40 厘米,水中浮游生物数量较多,鱼类容易消化的种类如硅藻、隐藻、金藻类较多。浮游动物以轮虫较多,有时枝角类、桡足类也较多。

2. 瘦水水质

瘦水水质水色清淡,呈浅绿色或淡黄色。透明度大,可达 60～70 厘米以上。瘦水水质的形成一方面是不经常施肥所致,另一方面是新开挖的池塘尚无肥力无法让池水变肥。瘦水水体中浮游生物数量少,水中往往生长丝状藻类(如水棉、刚毛藻)和水生维管束植物(如菹草)。

3. 老水水质

老水水质水色很浓,呈浓绿色或黑褐色,透明度低于 20 厘米,池塘底层水溶氧条件极差,浮游植物中蓝藻含量最多,因蓝藻类浮游植物细胞老化,不利于鱼的消化吸收。

老水水质形成原因有以下几种:

(1)施肥量不足,水体中缺少氧、磷元素或其他微量元素和营养元素,水中浮游植物种类单一。

(2)无水源交换,造成水体溶氧条件不足。

(3)池塘周围有高大树木或高大建筑物遮挡，造成光照条件不足，透明度低。

(4)代谢产物积累过多，主要是食场周围不注意清理和消毒。

4. 转水水质

转水水质肥沃，水色呈浓绿色、蓝绿色或酱红色，水面常见有云彩状水花，透明度较低。水体中浮游植物含量极高，但种类很少。转水水质水色呈暗黑色时，混浊度很大，在鱼池下风处即可闻到很浓的腥臭味。

转水水质的形成原因常常是因为饲养管理工作不当造成的，遇到阴雨连绵天气、闷热天气或雷雨未下透的天气时，由于水中浮游植物的大量繁殖，供给浮游植物光合作用代谢的营养盐类不足，加上缺乏足够的光照，引起藻体大量死亡，分解产生有毒物质，造成池塘鱼大批死亡，俗称“泛塘”或“泛池”。

根据群众看水色的经验，一般池塘养殖中的肥水要求具有肥、活、嫩、爽。肥即为水体中氮磷元素、微量元素和营养盐类充足，浮游生物无论从数量上还是质量上都保持饵料生物的最高水平；活即为水体中初级生产力高，浮游生物的生产量和消耗量达到了动态平衡；嫩即为水质肥而不老，容易被鱼消化吸收的浮游植物数量很多，浮游植物细胞未老化，蓝藻类浮游植物含量较少，水色鲜嫩似绿豆汤；爽即为水色不浓不淡，清爽，透明度在20～30厘米之间。

(三)水质控制方法

鱼类在池塘中的生活、生长情况是通过水环境的变化来反映的，各种养鱼措施也都是通过水环境作用于鱼体的。因此，水环境成了养鱼者和鱼类之间的“桥梁”。人们研究和处理养鱼生产中的各种矛盾，主要从鱼类的生活环境着手，根据鱼类对池塘水质的要求，人为地控制池塘水质，为鱼类创造一个高产的生态环境，并使各种饵料生物能持续保持质好量多的状态，满足鱼类摄食和生活的需要。

1.水质调节的常规方法

(1)适时适量进行追肥：作为调节水质为目的的追肥，一般应使用化肥，可直接促进浮游植物的繁生，并避免增加水中的有机质。无论饲养何种鱼的静水池塘，都应保持一定种群数量的浮游植物并能保持良好的生活状态。通过光合作用增加溶氧，并可吸收氨氮以降低对鱼类的危害。追肥量以少量多次为好，并特别注意对磷肥的使用。

(2)经常加注新水，是改善池塘环境，保持良好水质最有效的措施。向池塘加注新水，可以增加溶氧，营养盐类及微量元素，冲淡代谢毒物的浓度，防止池水的老化。缺少水源的地方，亦可采取原塘水循环或几个池塘相互循环的方式，以提高池塘的溶氧和降低有害物质的浓度，通过水的循环可加快有害气体的逸出和有害物质的分解转化，延长池水的老化。

在早春或晚秋，一般每 10～15 天加水 1 次，每次加水 20～30 厘米，但在鱼类的生长旺季，每 5～7 天就要注水 1 次，每次可注水 10～20 厘米。具体的注水时间和注水量，还要根据池水肥度，鱼类浮头情况和池塘水位的变化等灵活掌握。但在夏秋高温季节，注水时间应选择晴天，在 14:00～15:00 以前进行。傍晚禁止加水，以免造成上下水层提前对流，而引起鱼类浮头。

(3)定期搅动底泥，选择晴天的中午对池底淤泥进行搅动，使池水的上下混合，提高底层的水温和溶氧。同时，可以使池底沉积的有机物泛起，从而促进有机质的分解，并释放出底层所吸附的营养盐类及微量元素，恢复池水上下水层中营养物质的分布平衡，从而促进池塘中饵料生物的生长繁殖，防止池水的老化和改良浮游生物的组成都有显著效果。

搅动底泥可 1～2 周进行 1 次，鱼种培育可以结合拉网锻炼进行，成鱼饲养可用钢丝绳或铁索链像拉网一样往返拉动几次，或用水质改良机、吸泥机等机械进行。如果与泼洒生石灰水结合进行其效果更好。但在高温季节要特别注意，严防造成缺氧引起鱼类浮头。

2. 合理使用增氧机

增氧机是一种比较有效的改善水质、防止浮头、提高产量的专用养殖机械。目前喷水式、水车式、管叶式、涌喷式、射流式和叶轮式等类型的增氧机。从改善水质防止浮头的效果看，以叶轮式增氧机（图 4-1）最为合适。

（1）增氧机的作用：在养鱼池塘中大多采用叶轮式增氧机，它具有增氧、搅水和曝气等三方面的作用。它们虽然在运转过程中同时完成，但在不同情况下，则以一个或两个作用为主。

图 4-1　叶轮式增氧机

①增氧作用：叶轮式增氧机一般每小时能向水中增氧 1～1.5千克/千瓦。当增氧机负荷水面超过 1.5～3 亩/千瓦，其平均分配于池塘整个水体的增氧值并不高。因此，对于池塘大水体而言，实际增氧效果在短期内并不显著，只能在增氧机水跃圈周围保持一个溶氧较高的区域，使鱼群集中在这一范围内，达到救鱼的目的。

为发挥增氧机的增氧效果，应运用预测浮头的技术，在夜间鱼类浮头前开机，可防止池水溶氧进一步下降。至天亮因浮游植物光合作用，溶氧开始上升时才能停机。生产上可按 2 毫克/升溶氧作为开机警戒线，可依鱼浮头作为开机的生物指标。如增氧机负荷水面少于 0.8～1.2 亩/千瓦，则池水增氧效果较为明显。

②搅水作用：叶轮式增氧机的搅水性能良好，液面更新快，可使池水的水温和溶氧在短期内均匀分布。鱼池在晴天中午时，上下水层的温差和氧差最大，此时开机，就可以充分发挥增氧机的搅水作用。增氧机负荷水面越小，上下水层循环流转时间越短。

据测定，在晴天中午用 3 千瓦叶轮增氧机对不同面积的鱼池开机试验表明，3 亩开机 15～20 分钟，5 亩开机 20～30 分钟，7 亩开机 50 分钟，9 亩开机 1 小时后，整个鱼池上下水层溶氧基本上达到均匀分布。

③曝气作用：叶轮式增氧机运转时，通过水跃和液面更新，将水中的溶解气体逸出水面。其逸出的速度与该气体在水中的浓度成正比，即某一气体在水中浓度越高，开机后就越容易逸到空气中去。因此，开机后下层水积累的有害气体（如硫化氢、氨等）的逸出速度大大加快，此时，在增氧机下风处可闻到一股腥臭味。中午开机也加速了上层水溶氧的逸出速度，但由于其搅水作用强，故溶氧逸出量并不高，大部分溶氧仍通过增氧机输送至下层。

（2）增氧机的合理使用：增氧机目前已在全国各地的池塘中普及推广，但不少单位在增氧机的使用上还很不合理，还是采用“不见浮头不开机”的方法，增氧机变成了“救鱼机”，只能处于消极被动的地位，每年使用时间短，增氧机的生产潜力没有充分发挥出来。为使增氧机从“救鱼机”变成“增产机”，应采取如下方法：

①必须针对不同天气引起缺氧的主要原因，根据增氧机的作用原理，有的放矢地使用增氧机：晴天翌晨缺氧主要是白天上下水层溶氧垂直变化大，而白天下层水温，密度大，上层水温高，密度小，上下水层无法及时对流，上层超饱和氧气未能利用就逸出水面而白白浪费掉；而下层耗氧因子多，待夜间表层水温下降、密度增大引起上下水层对流时，往往容易使整个水层溶氧条件恶化而引起浮头。采用晴天中午开机，就是运用生物造氧和机械输氧相结合的方法，充分利用上层过饱和氧气，利用增氧机的搅水作用人为的克服水的热阻力，将上层浮游植物光合作用产生的大量过饱和氧气输送到下层去，及时补充下层水溶氧，降低下层水的耗氧量。此时，上层水的溶氧量虽比开机前低，但下午经藻类光合作用，上层溶氧仍可达饱和。到夜间池水自然对流后，上下水层溶氧仍可保持较高水平，可在一定程度上缓和或消除鱼类浮头的威胁。

晴天中午开机，不仅可防止或减轻鱼类浮头，而且也促进了有机物的分解和浮游生物的繁殖，加速了池塘物质循环。因此，在鱼类主要生长季节，必须抓住每一个晴天，坚持在中午开增氧机，充分利用上层水中过饱和氧气，才能抓住改善水质的主动权。

阴天、阴雨天缺氧，是由于浮游植物光合作用不强，造氧少、耗氧高，以致溶氧供不应求而引起鱼类浮头。此时，必须充分发挥增氧机的作用，运用预测浮头的技术，及早增氧。必须在鱼类浮头以前开机，直接改善溶氧低峰值，防止鱼类浮头。

晴天傍晚开机，使上下水层提前对流，反而增大耗氧水层和耗氧量，其作用与傍晚下雷阵雨相似，容易引起浮头。阴天、阴雨天中午开机，不但不能增加下层水的溶氧，反而降低了上层浮游植物的造氧作用，增加了池塘的耗氧水层，加速了下层水的耗氧速度，极易引起浮头。

②必须结合当时养鱼的具体情况，预测浮头，合理使用增氧机：增氧机的开机时机和运转时间长短不是绝对的，它同气候、水温、池塘条件、投饵施肥量、增氧机的功率大小等因素有关。应结合当时的养鱼具体情况，根据池塘溶氧变化规律，灵活掌握，合理使用增氧机。如水质过肥时，可采用晴天中午和清晨相结合的开机方法，以改善池水氧气条件。

根据上述要求，最适开机时间可采取晴天中午，阴天清晨开，连绵阴雨半夜开，傍晚不开，浮头早开，鱼类主要生长季节坚持每天都开为原则。运转时间可采取半夜开机时长，中午开机时间短；天气炎热、面积大或负荷水面大，开机时间长，天气凉爽、面积小或负荷水面小开机时间短等措施，灵活应用。

(3)增氧机的增产效果：合理使用增氧机后，可增高水温，预防浮头，防止泛池，可加速池塘物质循环，稳定水质，增加鱼种放养密度和增加投饵施肥量，从而提高产量，并有利于防治鱼病等。据试验，在相似的条件下，使用增氧机的池塘比不使用增氧机的池塘净产量增长14%左右。

3. 采用水质改良机，充分利用塘泥

水质改良机具有抽水、吸出塘泥向池埂饲料地施肥、使塘泥喷向水面、喷水增氧等功能。该机增氧、搅水、曝气以及解救浮头的效果比叶轮增氧机低，但它在降低塘泥耗氧，充分利用塘泥，改善水质，预防浮头等方面的作用优于叶轮增氧机。而且它能一机多用(抽水、增氧、吸泥、喷泥等)，使用效率比增氧机高。

(1)水质改良机的作用原理和效果

①改善池塘溶氧条件：该机主要以降低池塘有机物耗氧来改善溶氧条件。其降低耗氧的作用原理与叶轮增氧机相似，晴天中午开增氧机是将上层高氧水输送至下层。水质改良机在晴天中午喷塘泥，是将塘泥喷到空气和表层高氧水中，利用产生氧

债的物质在高氧条件下具有暴发性耗氧的特点，促使其氧化分解，使有毒气体迅速逸出，并消除了水的热阻力，使上层过饱和氧气及时地对流至下层。待夜间对流时，下层实际耗氧量大大下降，因而使溶氧消耗减少，至翌晨鱼类就不致引起浮头。水质改良机降低氧债的作用比叶轮增氧机更为直接、更彻底，改善池塘氧气条件也更有效。

②提高池塘生产力：池塘喷泥后，使原来淤积在塘泥中的营养物质再循环，塘泥中的有机物质分解大大加快，水中营养盐类明显增加。

喷泥后，塘泥颗粒下沉时与细菌、悬浮及溶解有机物的碰撞频率大大增加，絮凝速度加快，水中细菌、悬浮及溶解有机物等絮凝成食物团，供滤食性鱼类利用。与此同时，这些絮凝物的下沉，又使水的透明度增加（经测定，喷泥后透明度可增加 5～10 厘米），池水的补偿深度相应增大，其增氧水层增大，改善了池水的溶氧条件。

此外，大量埋在塘泥中的轮虫休眠卵因喷泥而上浮或沉积于塘泥表层，促进了轮虫卵的萌发，轮虫数量大大增加。水中营养物质增加，浮游植物的大量繁殖，带来了池水溶氧条件进一步改善，这就为建立池塘良性生态系统创造了条件。如此循环往复，即可改善池塘水质。

（2）水质改良机的使用方法：水质改良机除了用以加水、喷水增氧外，主要用来喷泥和吸塘泥作为种植青饲料的肥料，其中以喷泥改善水质效果最佳。但喷泥的前提是池塘上层水溶氧必须达到过饱和。因此，使用水质改良机喷泥要具备两个条件：一是池水浮游植物达到一定数量，一般要求藻类干重在 0.032 克/升以上或 3000 万个/升以上；二是白天天气晴朗，以维持足够的能量，用于藻类的光化学反应。故喷泥或吸泥应选择晴天或晴到多云天气进行。如池水浮游植物数量少，应先施磷肥或其他无机肥料,待浮游植物大量繁殖后再行喷泥。

鱼池喷泥应选择晴天中午喷泥 2 小时,最迟应在 15:00 以前结束,喷泥面积不超过池塘面积的 1/2,以防止耗氧过高。如上午晴天,下午转阴,就不能喷泥。否则,至傍晚上层溶氧仍很少回升,夜间对流后,池鱼易浮头。

六、浮头和泛池的应急处理

当水中溶氧降低到一定程度(1 毫克/升左右),鱼类就会因水中缺氧而浮到水面,将空气和水一起吞入口内,这种现象称为浮头,浮头是鱼类对水中缺氧所采取的"应急"措施。吞入口内的空气在鱼鳃内分散成很多小气泡,这些小气泡中的溶氧便溶于鳃腔内的水中,使其溶氧相对增加,有助于鱼类的呼吸,因此,浮头是鱼类缺氧的标志。

随着时间的延长,水中溶氧进一步下降,靠浮头也不能提供最低氧气的需要,鱼类就会窒息死亡。大批鱼类因缺氧而窒息死亡,就称为泛池,泛池往往给养鱼者带来毁灭性的打击。而且泛池的突发性比鱼病严重得多,危害更大。为了防止鱼类泛池,首先要防止鱼类浮头。

1. 鱼类浮头的原因

(1)因上下水层水温差产生急剧对流而引起的浮头:炎夏晴天,池塘水色浓水肥,白天水体上下层溶氧差很大,但由于水的热阻力上下水层不易容成对流。傍晚以后,如下雷阵雨或刮大风则表层水温急剧下降,上下水层急剧对流,上层水迅速对流至下层,溶氧很快被下层水中有机物耗净,整个池塘的溶氧迅速下降,造成缺氧浮头。

(2)因光合作用弱而引起的浮头:夏季如遇连绵阴雨或大雾,光照条件差,浮游植物光合作用强度弱,水中溶氧的补给少,而池中各种生物呼吸和有机物质分解都不断地消耗氧气,以致水中溶氧供不应求,引起鱼类浮头。

(3)因水质过浓或水质败坏而引起的浮头:夏季久晴未雨,池水温度高,加之大量投饵,水质肥,耗氧大。由于水的透明度小,增氧水层浅,耗氧水层深,水中溶氧供不应求,就容易引起鱼类浮头。如不及时加注新水,水色将会转为黑色,此时极易造成水中浮游生物因缺氧而全部死亡,水色转清并伴有恶臭(俗称臭清水),则往往造成泛池。

(4)因浮游动物大量繁殖而引起的浮头:春季轮虫或溞类大量繁殖形成水华(轮虫为乳白色,溞类为橘红色),它们大量滤食浮游植物。当水中浮游植物被滤食完后,池水清晰见底,池水溶氧的补给只能依靠空气溶解,而浮游动物的耗氧大大增加,溶氧远远不能满足水生动物耗氧的需要,引起鱼类浮头。

2.浮头的预测方法

鱼类浮头不同的原因会产生不同的现象,因此,可根据这些预兆,事先做好预测,以便能够进行应急处理。

(1)根据天气预报或当天天气情况进行预测

①如夏季晴天傍晚下雷阵雨,使池塘表层水温急剧下降,引起池塘上下水层急速对流,容易引起严重浮头。

②夏秋季节晴朗白天吹南风,夜间吹北风,造成夜间气温下降速度快,引起上下水层迅速对流,容易引起浮头。

③夏秋季节夜间风力较大,气温下降速度快,上下水层对流加快,也易引起浮头。

④阴雨连绵,光照条件差,风力小、气压低,浮游植物光合作用减弱,致使水中溶氧供不应求,容易引起浮头。

此外,久晴未雨,池水温度高,加以大量投饵,水质肥,一旦天气转阴,就容易引起浮头。

(2)根据季节和水温的变化进行预测

①春季水温逐渐升高,水质转浓,池水耗氧增大,鱼类对缺

氧环境尚未完全适应。因此，天气稍有变化，清晨鱼类就会集中在水上层游动，可看到水面有阵阵水花，俗称暗浮头。这是池鱼第一次浮头，由于其体质娇嫩，对低氧环境的忍耐力弱，此时，必须采取增氧措施，否则容易死鱼。

②梅雨季节，由于光照强度弱，而水温较高，浮游植物造氧少，加之气压低、风力小，往往引起鱼类严重浮头。

③夏天到秋天的季节转换时期，气温变化剧烈，多雷阵雨天气，鱼类容易浮头。

(3)观察水色进行预测：池塘水色浓，透明度小，或产生"水华"现象。如遇天气变化，容易造成池水浮游植物大量死亡，水中耗氧大增，引起鱼类浮头泛池。

(4)检查鱼类吃食情况进行预测：经常检查食场，当发现饲料在规定时间内没有吃完，而又没有发现鱼病，那就说明池塘溶氧条件差，第二天清晨鱼要浮头。

此外，可观察草鱼吃草情况。在正常情况下，一般看不到草鱼吃草，而只看到漂浮在水面的草在翻动，草梗逐渐往下沉，并可听到吃草声。如果发现草鱼仅仅在草堆边上吃草，说明草堆下的溶氧已经很低。如发现草鱼衔着草在池中游动，想吃又吃不下，说明池水已经缺氧，即将发生浮头。

3. 防止浮头的方法

发现鱼类有浮头预兆，可采取以下方法防止：

(1)在夏季如果天气预报傍晚有雷阵雨，则可在晴天中午开增氧机。将溶氧高的上层水送至下层，事先降低下层水的耗氧量。

(2)如果天气连绵阴雨，则应根据预测，在鱼类浮头之前开动增氧机，改善溶氧条件，防止鱼类浮头。

(3)如发现水质过浓，应及时加注新水，以增大透明度，改善水质，增加溶氧。

(4)估计鱼类可能浮头时,根据具体情况,控制吃食量。鱼类在饱食情况下其基础代谢高、耗氧大,更容易浮头。如预测是轻浮头,饵料应在傍晚前吃净,不吃夜食。如天气不正常,预测会发生严重浮头,应立即停止投饵,已经投下去的草类必须捞出,以免鱼类浮头时妨碍浮头和注水。

4. 观察浮头和衡量鱼类浮头轻重的措施

观察鱼类浮头,通常在夜间巡塘时进行。

(1)在池塘上风处用手电光照射水面,观察鱼是否受惊。在夜间池塘上风处的溶氧比下风处高,因此,鱼类开始浮头总是在上风处。用手电光照射水面,如上风处鱼受惊,则表示鱼已开始浮头;如只发现下风处鱼受惊,则说明鱼正在下风处吃食,不会浮头。

(2)用手电光照射池边,观察是否有螺、小杂鱼或虾类浮到池边。由于它们对氧环境较敏感,如发现它们浮在池边水面,螺有一半露出水面,标志着池水已缺氧,鱼类已开始浮头。

(3)对着月光或手电光观察水面是否有浮头水花,或静听是否有“吧咕、吧咕”的浮头声音。

鱼类浮头后还要判断浮头的轻重缓急,以便采取不同的措施加以解救。判断浮头轻重,可根据鱼类浮头的时间、地点、浮头面积大小、浮头鱼的种类和鱼类浮头动态等情况来判别。

①早上:重点观察池中央、上风处,若鱼在水上层游动,可见阵阵水花,可判定为暗浮头。

②黎明:重点观察池中央、上风处,若罗非鱼、团头鲂、野杂鱼在岸边较多,可判定为浮头较轻。

③黎明前后:重点观察池中央、上风处,若罗非鱼、团头鲂、鲢鱼、鳙鱼浮头,稍受惊动即下沉,可判定为浮头不严重。

④半夜 2～3 时以后:重点观察池中央,若罗非鱼、团头鲂、鲢鱼、鳙鱼、草鱼或青鱼(如青鱼饵料吃得多)浮头,稍受惊动即

下沉，可判定为浮头较重。

⑤午夜：重点观察池中央到岸边，若罗非鱼、团头鲂、鲢鱼、鳙鱼、草鱼、青鱼、鲤鱼、鲫鱼浮头，但青鱼、草鱼体色未变，受惊动不下沉，可判定为浮头重。

⑥午夜至前半夜：若青鱼、草鱼集中在岸边，池鱼全部浮头，呼吸急促，游动无力，青鱼体色发白，草鱼体色发黄，并开始出现死亡，可判定为泛池。

此外，罗非鱼对缺氧条件最为敏感，但该鱼的耐低氧能力很强，故渔民称其为“浮得早、浮不死”的鱼。

5. 解救浮头的措施

发生浮头时，应及时采取增氧措施。如增氧机或水泵不足，可根据各池鱼类浮头情况区分轻重缓急，先用于重浮头的池塘（但暗浮头时必须及时开动增氧机或加注新水）。

从开始浮头到严重浮头这段时间与当时的水温有关。水温低，则这段时间长一些，反之则短些。水温在 22～26℃时开始浮头后，一般可拖延 23 小时增氧还不会发生危险。水温在 26～30℃开始浮头 1 小时，应立即采取增氧措施。否则，青鱼、草鱼已分散到池边，此时再行冲水或开增氧机，鱼不易集中在水流处，就容易引起死鱼。

必须强调指出，由于池塘水体大，用水泵或增氧机的增氧效果比较慢。以每小时出水量 60 吨的潜水泵（2.2 千瓦）为例，对水深 2.5 米的 5 亩鱼池（约 8200 吨水）加水，假设水泵出水口的溶氧已接近饱和度（约 7 毫克/升）计算，要使整个池水增加 1 毫克/升溶氧，在不扣除耗氧的前提下，需要连续加水 20 小时。增氧机解救浮头效果一般比水泵好一些，但两者没有根本的区别。浮头后开机、开泵，只能使局部范围内的池水有较高的溶氧，此时，开动增氧机或水泵加水主要起集鱼、救鱼的作用。因此，水泵加水时，其水流必须平水面冲出，使水流冲得越远越好，以便尽快把浮头鱼引集到这一路溶氧较高的新水中以避免死鱼。在抢救浮头时，切勿中途停机、停泵，否则反而会加速浮头死鱼。一般开增氧机或水泵冲水需待日出后方能停机停泵。

发生严重浮头或泛池时，也可用化学增氧方法，其增氧救鱼效果迅速。具体药物可采用复方增氧剂，使用方法以局部水面为好，将该药粉直接撒在鱼类浮头最严重的水面，浓度为30～40毫克/升，1次用量每亩为46千克，一般30分钟后就可以平息浮头，有效时间可保持6小时。但该药物需注意保存，防止潮解失效。

6.发生鱼类泛池时应注意的事项

(1)当发生泛池时，青鱼、草鱼、鲤鱼大多搁在池边浅滩处，鲢鱼、鳙鱼、团头鲂浮头时，切勿使鱼受惊。否则受惊后一经挣扎，浮头鱼即冲向池中而死于池底。因此，池边严禁喧哗，人不要走近池边，也不必去捞取死鱼，以防浮头鱼受惊死亡。只有待开机开泵后，才能捞取个别未被流水收集而即将死亡的鱼，可将它们放在溶氧较高的清水中抢救。

(2)通常池鱼窒息死亡后，浮在水面的时间不长，即沉于池底。如池鱼窒息时挣扎死亡，往往未经浮于水面就直接沉于池底。此时沉在池底的鱼尚未变质，仍可食用。隔一段时间(水温低时约24小时，水温高时10～12小时)后死鱼再度上浮，此时鱼已腐烂变质，无法食用。

根据经验，泛池后一般捞到的死鱼数仅为整个死鱼数的一半左右，即还有一半死鱼已沉于池底。为此，应等浮头停止后，及时拉网捞取死鱼或工作人员下水摸取死鱼。

(3)鱼场发生泛池时，一部分人应专门负责增氧、救鱼和捞取死鱼等工作，另一部分人负责销售，准备好交通工具等，及时将鱼处理好，以挽回一部分损失。

七、鱼病害防治

鱼类是终生生活在水中的水生动物，鱼类的摄食、呼吸、排泄、生长等一切生命活动均在水中进行，因此，水环境对鱼类生存和生长的影响超过任何陆生动物。水中存在的病原体数量较陆地环境要多，水中的各种因素（如溶氧、温度、pH 值、无机物等）直接影响鱼类的存活、生长和疾病的发生。

体质健康的鱼类对环境适应能力很强，对疾病也有较强的抵御能力。但在池塘养殖中，由于放养密度的提高（较自然水域增大几倍甚至几十倍），人工投饵量的增大，鱼类的排泄量对水体的污染程度增大，使得环境极易恶化，同时疾病的传染机会增大。当环境的恶化，病原体的侵害超过了鱼体的内在免疫能力时，就会导致鱼病的发生。

（一）鱼类发病的原因

鱼类疾病的发生是内因和外因共同作用的结果。

1. 外界因素

（1）水质：连续多年养殖和长期不清淤的池塘，腐殖质积累过多，易引起水质恶化，病原微生物和寄生虫大量滋生，是引起鱼病的重要原因之一。

（2）水温：鱼类是变温动物，水温与鱼类的关系，不仅表现在鱼类因外界水温剧变难以适应而死亡，更重要的表现在水温的变化与鱼类疾病病原的消长有关。当在水温 25℃以上时，抗病力强，不易生病，当水温低于 24℃时，抗病力明显减弱。

另外，当水温急剧升降时，容易使鱼体发生病理性变化。不同阶段的鱼对温差的适应能力也不一致，鱼苗下塘时要求池水温差不超过 2℃，鱼种不超过 4℃。温差过大，就会引起苗种大量死亡。

（3）酸碱度（pH 值）：淡水鱼类对 pH 值的适宜范围以 7～

8.5为最好，低于4.2或高于10.4均会引起死亡。在pH值为5～6.5生活时，不仅生长不良，而且易感染一些疾病。

(4)溶氧：水中溶氧是鱼体进行呼吸作用，维持生命的基础，溶氧量的高低对鱼的生长和生存有直接的影响。当水中溶氧含量低于0.5毫克/升时，鱼就会发生浮头现象；当水中溶氧含量过饱和时，幼鱼又会患气泡病。

(5)有毒物质：在养殖水体中，如果有工业污水进入，鱼类就会因其含有大量的有毒物质而死亡。有些池塘底泥中含有重金属盐类较高，当鱼种长期生活在这种水环境中时，会引起弯体病。

(6)人为因素：人的生产活动对鱼病的发生也有着极大的作用。如未经清塘或清塘不彻底，池中仍存在着大量的病原生物，易发生鱼病；拉网捕鱼和运输鱼种时操作不当，使鱼体受伤引起疾病；放养过密和混养比例不适当，会出现鱼种生长快慢不匀，缺氧等状况，感染疾病的机会增多；饲养管理不当，投喂不清洁或变质的饲料，施用未经发酵的各种粪肥等，都容易引发鱼病。

(7)生物因素：常见的鱼病多数是由各种生物传染或侵袭鱼体而致病的。这些使鱼致病的生物称为病原体，包括病毒、细菌、真菌、藻类、原生动物、蠕虫、蛭类、甲壳动物等。其中病毒、细菌、真菌、藻类等都是微生物，它们所引起的鱼病称为传染性鱼病。由原生动物、蠕虫、甲壳动物等寄生虫所引起的鱼病称为侵袭性鱼病。

另外，还有些生物直接吞食或间接危害鱼类，如水鸟、水蛇、凶猛鱼类、水生昆虫、青泥苔、水网藻等，统称为鱼的敌害。

2.内在因素

引起鱼类生病的原因很多，但内因是主要的，通常只有外界因素的作用，不一定能使鱼生病，还要看鱼体本身对疾病的感受力和抵抗力如何。如某种流行病发生时，在同一池中的同种类同年龄的鱼，有的严重患病而死亡，有的则不发病。鱼类的这种抗病力，是机体本身的内在因素。实践证明，体质好的鱼，生理防御机能健全，病原生物不易侵入，抗病力强。

此外，鱼类生病与否，还同鱼的种类、年龄及个体特异性有关。

(二)鱼病的预防

鱼类生活在水中，一旦发病，正确的诊断和治疗都有一定的困难，所以应采取“无病先防，有病早治”的原则，抓住几个关键环节，尽可能消灭养殖水体中的病原生物和其他发病因素，创造一个鱼类生长的良好环境，预防鱼病的发生。

1.清整鱼池

清整鱼池包括两个方面的内容，一是修整鱼池；二是彻底清塘消毒，方法见本书前述部分。

2.加强饲养管理

饲养管理是防治鱼病不可忽视的工作。鱼池的饲养管理水平高低与鱼病发生有密切关系，饲养水平高，则鱼病发生少。因此，要求饲养管理一般应做到以下几点：

(1)投饵要规范：做到“四定”投饵，即定质、定量、定时、定位，这样才能有效控制因饵料投喂而导致疾病的现象发生。

(2)勤巡视、多观察：一般每天早晨巡塘1次，观察鱼群活动情况，检查有无“浮头”、有无死鱼。同时，密切注视池塘中水质变化情况，决定是否要及时采取措施。

(3)措施及时：每天巡视时，若发现问题，应及时处理，以免引起严重后果。每天要及时捞除剩饵及残渣，将死鱼立即清除处理，并采取相应防病措施，如投药、消毒等。发现水质过瘦，则需立即培肥，水质过肥则应迅速注入新水稀释或全部更换池水，以改善水体环境。

(4)操作细心：管理中，各种操作都要细心以免给鱼体造成外伤，为病原体侵入创造条件。

3. 药物预防

鱼病预防的一个重要方面就是药物预防，它的效果往往比发病后药物治疗更好。

(1)常见的用药方法：鱼池塘施药应根据鱼病的病情、养鱼品种、饲养方式、施药目的(是治疗还是预防鱼病)来选择不同的用药方法。

①全池泼洒法：全池泼洒是池塘防治鱼病的最常用方法。它是将整个池塘的水体作为施药对象，在正确计算水量的前提下，选择适宜的施药浓度来计算用药量，然后，把称量好的药品用水稀释，均匀泼洒到整个池塘的水体，以治疗鱼病。消毒水体比较全面、彻底，缺点是成本较高。

②挂袋法：即在投饵台前 2～5 米呈半圆形区域悬挂药袋 4～6 个，内装药量以 1 天之内溶解，不影响鱼前来吃食为原则，可用粗布缝制药袋或直接将小塑料袋包装的药品扎上小眼悬挂使用。

此法适用于驯化投喂池塘，防治吃食性鱼类的鱼病，但鱼病后期吃食不好时不宜使用。其优点是节省用药成本，操作方便，对水体的污染小。

③浸洗法：即在 1 个容器内(一般用大塑料盆或搪瓷浴盆)配制较高浓度的药液，然后，将鱼放入容器内浸洗一定时间后捞出，能杀灭体表和鳃上的病原体。其浸洗时间视鱼类品种、药物种类、浓度、温度灵活掌握。

此方法的优点是作用强，疗效高，节省用药量。缺点是不能随时进行，只有在鱼种分池、转塘时才能使用。

④口服法：使用时，将药物按饲料的一定比例加入粉料中混合制成颗粒药饵投喂，用于治疗鱼类的内脏病、出血病等。

口服法优点是疗效较彻底，药物浪费少，节省成本。缺点是对病情较重、吃食不好的鱼没有作用。

⑤涂抹法：用于亲鱼的伤口消炎，常使用紫药水或碘酊。

（2）准确估算鱼池水体的体积：用药时，必须先准确计算鱼池水体，为此先要测量鱼池的长度、宽度和水深，圆形池塘需测出半径，再依公式计算体积。

①方形或长方形鱼池体积（立方米）＝长度（米）×宽度（米）×平均水深（米）

②圆形鱼池水体积（立方米）＝3.14×鱼池半径（米）^{2}×水深

需要说明的是方形鱼池一般是有坡度的，其横、断面呈梯形，在计算体积时其长度和宽度的测量应以水面至池底的 1/2 处为准。

（3）用药量的计算

①全池泼洒用药量（克）＝池水体积（平方米）×用药浓度（ppm）

②浸洗用药量（克）＝用水量（平方米）×浸洗药浓度（ppm）

③口服药量（克）＝鱼池栽鱼量（千克）×鱼的服药量（克/千克体重）

④混饲配制浓度（%）＝用药量/（载鱼量×日投饵率）×100%

注：ppm 是农业生产活动中对用量极少的农药或肥料进行稀释时所表示的使用浓度单位，通常叫“百万分之……”。如 1ppm 即百万分之一（1×10^{-6}），10ppm 即百万分之十等，也就是说，在配制 1ppm 浓度时，1 克农药或肥料（指纯量）加水配制为 1 吨（1 000 000 克）的溶液，依此类推。

（4）食场消毒防病

①清除残余饵料：食场中经常有吃剩的残余饵料，极易成为

病原滋生繁衍的有利场所，因此，必须及时捞捡、清除。

②泼洒消毒：在鱼病流行季节，食场内可能会有大量病原存在，应进行药物泼洒消毒。一般从5月份开始，每亩用漂白粉250克，加黄土拌和后泼洒，每3周进行1次。或用250克硫酸铜兑水后泼洒。可预防细菌性病害和寄生虫病害。

③药物挂袋(篓)：在疾病发生季节，定期在食场2～5米范围内呈半圆形区域悬挂硫酸铜和硫酸亚铁合剂(5∶2)药袋4～6个，每袋装药140克，此法可用于预防部分寄生虫病；挂漂白粉袋，每袋每日装100克，每池挂3～5只，连续挂3～5天，可预防一些传染性疾病。值得注意的是，挂袋必须浸入水中。

药袋可用粗布缝制或直接将小塑料袋包装的药品扎上小眼悬挂使用。

(5)工具消毒防病：在病鱼池中使用过的工具，应在盛有10×10^{-6}浓度的硫酸铜溶液的容器中浸洗5分钟以上，进行消毒。大型工具每次用完晒干后再用。

(三)诊断鱼病的方法

正确地诊断是治疗鱼病的关键。

1.鱼池环境调查

(1)了解病鱼在池中的各种表现：例如病鱼的症状，活动情况，摄食情况，混养鱼类的发病比例，以及根据发病过程的迅猛程度，判断鱼病流行的急性类型或慢性类型等。

(2)了解鱼池水源与周围的环境情况：如周围的环境中是否存在污染源或疾病的传染源，水在鱼病传播中所起的作用，鱼池周围的环境卫生，家畜家禽、螺蚌及其敌害动物等在渔场内的数量与活动情况等。特别对一些急剧的大量死鱼的现象，尤其需要了解附近工厂排放污染水或农田施药等情况，以便确切地区分生物性鱼病和中毒性鱼病。

(3)了解饲养管理情况：对施肥、投饲量，放养密度、规格和品种，水质和水温，各种生产操作以及历年发病的情况等，应做详细的了解。

此外，对气候的变化、敌害发生的情况也应同时了解。

2. 目检

目检是检查鱼病的主要方法之一，从鱼体患病部位找出肉眼能见的病原体，或由病原体对鱼体引起的症状，为诊断鱼病提供依据。

检查时，一些大型的寄生虫如蠕虫、甲壳动物、软体动物幼虫、体型较大的原生动物等，真菌如水霉等，用肉眼可以识别出来，但有些病原体如病毒、细菌、体型较小的寄生虫等，是肉眼看不见的，就需要根据其病状来辨别。通常病毒性、细菌性鱼病表现的症状常常是充血、发炎、脓肿、溃疡等，而寄生虫性鱼病，则表现出创伤、刺激、增生和出血症状。各种鱼的病原体种类不同，所引起的症状也各异，这就为诊断鱼病提供了有利条件。

检查病鱼的部位，包括体表、鳃、内脏等三部分。检查顺序和方法如下：

(1)体表：从鱼池捞出病鱼或新死的鱼，置于白瓷盘或鱼盘中，按顺序从头部、嘴、眼、鳃盖、鳞片和鳍条等仔细观察。在体表上的一些大型病原体如水霉、线虫、锚头蚤、虱、钩介幼虫等，很容易找到。但有些用肉眼看不出来的小型病原体，则须根据所表现的症状来辨别。

(2)鳃：鳃部检查，重点是鳃丝。首先注意鳃盖是否张开，然后，用剪刀把鳃盖剪去，观察鳃片的颜色是否正常，黏液是否较多，鳃丝末端是否有肿大和腐烂等现象。

(3)内脏：将鱼体一侧的腹壁剪掉，首先观察是否有腹水和肉眼可见的大型寄生虫，其次把内脏的外表仔细观察，看是否正常，最后用剪刀从靠咽喉部位的前肠和靠肛门部位的后肠剪断，取出内脏，置于盘中，把肠道中的食物和粪便去掉，然后进行观察。

其他内部器官，如果在外表上没有发现症状，可不再检查。

3. 镜检

镜检的目的是鉴别病原体，是根据目检所确定之病变部位来进行更深入的工作，检查部位和顺序与目检同。

检查方法是从病变部位取少量组织或黏液置于载玻片上，若是体表和鳃的组织成黏液，加上少量普通水，若是内脏组织则用生理盐水（0.85%食盐水），然后，盖上盖玻片，并稍加压平，于显微镜下观察。为了尽量减少遗漏，每个病变部位或器官，至少应检查3个不同点。

4. 正确判断鱼病

经过鱼池环境、目检和镜检3个阶段的调查后，必须对调查所得的各种因素予以综合分析，才可对鱼病做出确切的判断。往往有这样的情况，在同一发病鱼池，有两种以上的病出现，这就需要对各种病原体的感染强度及其对鱼体的危害情况进行比较分析，找出其主要和次要的病原体，以便在治疗时，可根据药物的性能及鱼体的忍受能力，在解决主要病原体时，对于次要的病原体采取同时治疗或分别隔离治疗。

对诊断过程中所获得的材料、分析的结果、治疗的情况等，要做好记录，及时总结。

（四）常见疾病的防治

1. 水霉病

水霉病又称为肤霉病和白毛病（彩图7），从鱼卵到鱼苗、鱼种和成鱼都有发生。未受精的鱼卵最易长水霉，鱼苗到成鱼水霉病主要是由拉网、转运、操作不慎而引起鱼体鳞片脱落和皮肤损伤而使绵霉和水霉菌入侵所致。

（1）为害症状：霉菌最初寄生时，肉眼看不出病鱼有什么异状，当肉眼看到时，菌丝已在鱼体伤口侵入，并向内外生长，向外生长的菌丝似灰白色棉絮状，故称白毛病。病鱼焦躁不安，常出现与其他物体摩擦现象，以后患处肌肉腐烂，病鱼行动迟缓，食欲减退，最终死亡。

(2)发病规律：霉菌或多或少地存在于一切淡水水域中。它们对温度适应范围广，一年四季都能感染鱼体，全国各养殖区都有流行。各种饲养鱼类，从鱼卵到各龄鱼都可感染。感染一般从鱼体的伤口入侵，在密养的越冬池冬季和早春更易流行。鱼卵也是水霉菌感染的主要对象，特别是阴雨天，水温低，极易发生并迅速蔓延，造成大批鱼卵死亡。

(3)预防方法

①用生石灰消毒，可预防此病。

②拉网、转运和操作时动作要轻，要带水操作，千万勿使鱼体受伤。

(4)治疗方法

①成鱼发病后可用5%的碘酒擦抹患处。

②用3%～4%的食盐溶液浸洗鱼体5分钟。

③每亩水面用2.5～5千克菖蒲汁，0.5～1千克食盐，加入2～20千克人尿，全池泼洒。

2.白皮病

白皮病又称为白尾病。鱼得此病和水霉病一样也是因拉网、转运和操作不慎擦伤鱼体细菌感染后所致。病原体为白皮极毛杆菌。

(1)为害症状：发病初期，病鱼体表、背鳍、尾鳍、颌部轻微发白，发白之处，鳞片轻轻一碰即脱落，发白部位迅速蔓延扩大。严重的鱼体失去平衡，在水中打转，游动缓慢，或头朝下，尾朝上，时而作挣扎游动，时而悬挂水中，不久病鱼即死去。

(2)发病规律：此病传染性大，广泛流行于全国各地水产养殖场所，主要危害白鲳鱼和鲢鱼、鳙鱼，草鱼、青鱼、鲤鱼也可发生。流行季节以6～7月最盛，这时正是夏花分塘时期，因操作不慎，碰伤鱼体，病菌乘机侵入，引起该病的流行。一般死亡率在30%左右，最高的死亡率可达45%以上。该病的病程较短，从发病到死亡只要2～3天时间，对鱼类生产威胁较大。

(3)预防方法

①拉网、转运、操作时动作要轻，要带水作业，尽量避免擦伤和碰伤鱼体。

②鱼进池后定期每立方米水体用1克漂白粉遍洒消毒。

(4)治疗方法

①发病初期，可用金霉素或土霉素水溶液浸泡鱼体0.5小时，药液浓度是每立方米水用金霉素12.5克或土霉素25克。

②发病严重的鱼池，每立方米水用漂白粉1克或五倍子2～4克，全池遍洒。

3. 白头白嘴病

白头白嘴病属细菌性鱼病，由黏球菌引起。

(1)为害症状：病鱼自吻端到眼前的一段皮肤呈乳白色。唇似肿胀，嘴张闭不灵活，因而造成呼吸困难。口圈周围的皮肤腐烂，稍有絮状物黏附其上，故在池边观察水面游动的病鱼，可清楚地看到“白头白嘴”的症状。病鱼体瘦发黑，反应迟钝，有气无力地浮动，常停留在下风处近岸边，不久就会出现大批死亡。

(2)发病规律：白头白嘴病是最常见的严重鱼病之一，草鱼、青鱼、鲢鱼、鳙鱼、鲤鱼的鱼苗和夏花鱼种均能发病，尤其对夏花草鱼危害最大。此病，发病快，来势猛，我国华中、华南地区最为流行。

(3)预防方法

①用生石灰彻底清塘消毒，合理放养。

②采用硫酸铜 8×10^{-6}浓度浸洗鱼体和 0.5×10^{-6}浓度全池泼洒。

(4)治疗方法

①用漂白粉(含 30%有效氯)全池遍洒，每立方米水用药 1 克，每天 1 次，连续 2 天。

②生石灰全池遍洒，每亩用量 15～20 千克(池水深为1 米)。先将生石灰加水涨发成浆状，然后，将此生石灰浆均匀泼洒全池。视鱼病情况，可连续进行 2～3 次。

③用五倍子全池遍洒，每立方米水用药 2～4 克。

④每立方米水用乌桕叶干粉 6.25 克，或鲜叶 25 克；用含 2%的生石灰水浸泡并煮沸 10 分钟，全池遍洒。

4. 细菌性烂鳃病

细菌性烂鳃病(彩图 8)又称为乌头瘟，病原体为鱼害黏球菌。

(1)为害症状：病鱼鳃丝腐烂带有污泥，鳃盖骨的内表皮往往充血，中间部分的表皮常腐蚀成一个圆形不规则的透明小窗。在显微镜下观察，草鱼鳃瓣感染了黏球菌以后，引起的组织病变不是发炎和充血，而是病变区域的细胞组织呈现不同程度的腐烂、溃烂和“侵蚀性”出血。另外，有人观察到鳃组织病理变化经过炎性水肿、细胞增生和坏死 3 个过程，并且分为慢性和急性两个类型。慢性型以增生为主，急性型由于病程短，炎性水肿迅速转入坏死，增生不严重或几乎不出现。

(2)发病规律：每年 4～8 月为发病期，夏季最为流行。

(3)预防方法

①用生石灰或漂白粉彻底清塘。

②由于草食性动物的粪便(如牛粪、羊粪等)是黏球菌的孳生源，因此鱼池必须施用发酵粪便，这是预防该病的关键之一。

③在鱼种放养时，用 2%～2.5%食盐水给鱼种浸洗 10～

20分钟，对预防烂鳃病有显著效果。

④发病季节可经常用漂白粉遍洒，每亩用药量为250克，每周泼洒1次。

(4)治疗方法

①用1×10^{-6}的漂白粉溶液全池泼洒，间隔24小时再泼洒1次。

②用0.025×10^{-6}的呋喃唑酮，全池泼洒，隔天泼1次，连施2次可见效。

5. 赤皮病

赤皮病通常是因为鱼体在捕捞或运输过程中造成外伤，细菌侵入皮肤而引起。

(1)为害症状：此病是草鱼、青鱼和成鱼阶段的主要鱼病之一。病鱼体表局部或大部分出血发炎，鳞片脱落，特别是鱼体两侧及腹部最明显，鳍的基部充血，鳍条末端腐烂似一把破扇子。有时病鱼的肠道也充血发炎。

(2)发病规律：此病流行广泛，而且终年可见，常与烂鳃、肠炎病并发。每当鱼种放养、牵捕或搬运时；由于鱼体受伤，病菌乘机侵入感染而发病。在寒冬季节，鱼体皮肤也可能因冻伤而感染此病。

(3)预防方法

①鱼池彻底清塘消毒，并在牵捕、搬运、放养过程中，防止鱼体受伤。

②鱼种放养时，用漂白粉药液给鱼种浸洗0.5小时左右，浓度是每立方米水用药5～10克。

(4)治疗方法

①给病鱼投喂磺胺噻唑，其方法是每100千克鱼第1天用药10克，第2～6天减半，用适量的面糊作黏合剂，拌入饵料中，做成药饵投喂。

②用漂白粉或五倍子全池泼洒，每立方米水用漂白粉 1 克或五倍子 2～4 克。

6. 肠炎病

肠炎病由点状产气单孢杆菌侵入引起。在很多情况下，是由于饲养管理过程中突然改变饲料成分，或投饲不稳定，既不定时，也不定量，从而引起鱼类体内平衡被打破，病原趁机侵入并大量繁殖，导致鱼类染病。

(1)为害症状：病鱼行动缓慢，不吃食，腹部膨大，体色变黑，特别是头部显得更黑，有很多体腔液，肠壁充血，呈红褐色。肠内没有食物，只有许多淡黄色的黏液。如不及时治疗，病鱼会很快死去。

(2)发病规律：此病是目前淡水鱼类中最严重的疾病之一。在草鱼、青鱼中非常普遍，尤其是当年草鱼和一龄的草鱼、青鱼最易得病，死亡率很高，一般可达 50%左右。全国各养鱼地区都有发生，但各地的流行季节和发病程度，随气候的变化和饲养管理水平有所差异。在一年中，此病有 2 个明显的流行季节，5～6 月份主要是 1～2 龄草、青鱼的发病季节，8～9 月份主要是当年草鱼的发病季节，同时，该病往往与细菌性烂鳃病并发，流行地区十分广泛。

(3)预防方法

①加强饲养管理，严格按“四消四定”措施进行。四消指鱼体、饲料、工具、食物消毒；四定指定质、定量、定时、定点投喂，这是预防肠炎病的关键。

②在此病流行季节，控制投饵量，并定期内服药和外用药相结合进行防治。

(4)治疗方法

①大蒜：把蒜头捣烂，制成每 0.5 千克含大蒜 100 克的药饵，每天投喂 1 次，连续投喂 3 天。

②磺胺胍：每 50 千克鱼第 1 天用药 5 克，第 2～6 天用药 2.5克，制成药面投喂，每天喂 1 次，连续喂 6 天。

③鱼复康：每 100 千克鱼，每天用鱼复康 A 型 250 克拌饲料分上午、下午 2 次投喂，连喂 3 天。

④肠炎灵：每 50 千克鱼用肠炎灵 5 克，拌入 0.5 千克面粉后加温水制成浆糊状，然后，均匀拌饵投喂 3～5 天。

⑤畜用止泻散：每 50 千克鱼用此药 10 克，拌饵投喂 3～5 天。

⑥地榆：每 50 千克鱼用鲜地榆 1.25 千克，捣碎，与 1.5 千克稻谷混合加水煎煮，熟制后投喂 3～5 天。

⑦马尾松：每 50 千克鱼用鲜松针 0.5 千克，捣碎加 50 克食盐，拌饵投喂 3～5 天。

7. 出血病

该病是由嗜水气单胞菌为主的多种细菌感染而引起的细菌性传染病。

(1)为害症状：早期病鱼的上下颌、口腔、鳃盖、眼睛、鳍基和鱼体两侧轻度充血，进而严重充血，有的眼球突出，肛门红肿，腹腔积有淡黄色透明腹水，肠内没有食物而被黏液胀得很粗，鳔壁充血，有的鳞片竖起，肌肉充血，鳃丝末端腐烂。但也有症状不明显而突然死亡的，这是由于鱼的体质弱，感染病菌太多，毒力强所引起的超急性病例。病鱼表现为厌食、静止不动，继而发生阵发性乱窜，有的在池边摩擦，最后衰竭而死。

(2)发病规律：发病期多为 5～10 月份，鱼种患病率高于成鱼，尤以池塘混养鲢鱼、鳙鱼的鱼池，更易发此病。

(3)预防方法

①从外地购买的鱼种，必须抽样检疫，以防止病原带入。

②鱼种入塘前一定要进行药浴。

(4)治疗方法：每亩水面用生石灰 35～50 千克兑水全池泼

洒，并用“出血止”、“出血康”、“渔家乐-A”等药物配成药饵投喂（药饵配法可见产品使用说明），连续喂 3～5 天。

8. 打印病

打印病又称腐皮病（彩图 9），其病原是点状产气单胞菌点状亚种，菌体短杆状，两端圆形，多数两个相连，少数单个存在。

（1）为害症状：症灶主要发生在背鳍和腹鳍以后的躯干部分，其次是腹部两侧，少数发生在鱼体前部。发病部分先是出现圆形的红斑，好似在鱼体表皮上加盖的红色印章，随后表皮腐烂，中间部分鳞片脱落，腐烂表皮也崩溃脱落，并露出白色真皮，病灶部位周围的鳞片埋入已腐烂的表皮内，外周的鳞片疏松并充血发炎，形成鲜明的轮廓。在整个病程中后期形成锅底形，严重时甚至肌肉腐烂，露出骨骼和内脏，病鱼随即死去。

（2）发病规律：近年来，此病已发展成为主要鱼病之一，主要危害鲢鱼、鳙鱼、团头鲂等，在各个发育生长阶段中都可发病，尤其对鲢鱼、鳙鱼、团头鲂的亲鱼危害最大，发病严重的鱼池，其发病率可高达 80％以上。此病在华中、华北较为流行，夏、秋两季流行最盛。

（3）预防方法

①在搬运时要注意操作，切勿使鱼体受伤。

②鱼池要用生石灰彻底清塘，并在放养时适当调整放养密度，经常加注新水，保持池内水质清新，可以预防或减轻病情。

（4）治疗方法

①发病时每立方米水用漂白粉 1 克，全池遍洒。

②每亩水面用 0.75 千克辣椒粉加水 10～15 千克煮沸后，全池均匀泼洒，连续 3 天。

9. 黑体病

黑体病为细菌感染所引起。

(1)为害症状:从外观上看,病鱼鱼体严重消瘦,体色变黑,吻部及头背部有时可见白色绒毛状斑块,与水霉病相似。进行鱼体仔细检查,可发现胸鳍内侧有一圆形红色血斑。解剖观察,可见肠内没有食物,且有红肿发炎反应,内部脏器也有轻微炎症。严重的病鱼食欲消退,行为烦躁,最终食欲废绝,头朝下竖直浮于水面,衰竭而死。

(2)发病规律:黑体病多发于鱼苗阶段,特别是用水泥池饲养培养,饲料不足而水体又受到污染时,最易发病。此病流行特点是起病急、传染快、死亡率高。此病流行时间为4～10月份。

(3)预防方法

①加强水质管理:定期检查水质,有条件的实行定期换水或补注新水。

②搞好预防性消毒:每隔10～15天,用生石灰(按30×10^{-6}的浓度)或新鲜漂白粉(按1×10^{-6}配制)消毒1次。

③加强合理的饲喂管理:投饵喂饲做到"四定",管理做到"四消",同时防止鱼体受到意外伤害等。在发病期间尽量不投喂污染水质的饲料,保持水质清新。

(4)治疗方法

①将病死鱼及时捞出,进行处理,如药物消毒等。

②药物拌饵:每50千克饲料用土霉素30克、大蒜头500克,捣碎拌饵投喂,每日2次,连续投3～5天。

10.斜管虫病

斜管虫病为鲤斜管虫寄生而引起的鱼类寄生虫疾病。

(1)为害症状:鱼体皮肤和鳃部被斜管虫破坏和刺激后,分泌出大量的黏液,病鱼的皮肤和鳃部因此而呈现出苍白色,或者病鱼的皮肤表层有一层淡蓝灰色的薄膜出现。严重时鱼体消瘦,体色变黑,独自飘游水面,时缓时急地转圈,最后因呼吸困难而死亡。

(2)发病规律：斜管虫生命力较强，最宜繁殖水温为12～18℃，5℃以上即可大量出现。由于对温度的适应性，它在春季及初冬最活跃，是大量繁殖、寄生致病的时期。在这期间，斜管虫病即可发生大流行。此病分布广泛，几乎各种淡水鱼类都易感。而且，无论是鱼苗、鱼种，还是成鱼都可能成为斜管虫病的严重受害者。

(3)预防方法

①用生石灰彻底清塘，杀灭底泥中的病原。

②鱼种入池前浸洗消毒。

(4)治疗方法

①用0.5×10^{-6}的硫酸铜和0.2×10^{-6}的硫酸亚铁合剂溶液全池泼洒。

②每亩水面用苦楝树枝叶15千克浸泡池中，每星期更换1次，连续1个月；或每亩水深0.3米用10千克苦楝叶煮水全池泼洒也可。

③用2%～5%的食盐水浸洗病鱼5分钟，连续浸洗3～4次，每次间隔1天。

④采用高效鱼用灭虫灵，按每立方米水用药0.5～1克的剂量，进行全池泼洒。

11. 车轮虫病

病原体为车轮虫属和小车轮虫属的车轮虫，有8～9种。

(1)为害症状：这类小型车轮虫对幼鱼和成鱼都可感染，在鱼种阶段最普遍。常成群地聚集在鳃丝边缘或鳃丝的缝隙里，使鳃腐烂，严重影响鱼的呼吸机能，使鱼致死。

(2)发病规律：流行广泛，感染强度大，危害较严重。车轮虫寄生于幼鱼或成鱼的体表和鳃，能引起鱼苗、鱼种死亡。一年四季都可发现，以4～7月较为流行。适宜繁殖温度为20～28℃。

由于虫体利用附着盘缘膜、纤毛在鳃组织和皮肤上频繁滑动，以及不断地吸附摩擦造成损伤，同时，还不断吸取鱼体细胞组织作为营养，使鱼消瘦至死。

此病一般在面积小、水较浅、放养密度大、又经常投放大草或粪肥、水质比较肥的池塘内发生。在湖泊和水库等大面积水体，这种病一般很少出现。

(3)预防方法

①鱼种放养前用生石灰清塘消毒。

②当鱼苗体长达 2 厘米左右，每 7 平方米水面深 1 米时，放苦楝树枝叶 15 千克，每隔 7～10 天换 1 次，可预防车轮虫病的发生。

③用(0.5～0.7)$\times 10^{-6}$的硫酸铜溶液在鱼苗培育的整个时期全池泼洒消毒。

④放养前用福尔马林浸洗鱼种。

(4)治疗方法

①每立方米池水用 0.7 克硫酸铜和硫酸亚铁合剂(5∶2)，全池泼洒，可有效地杀死鳃上的车轮虫。

②用 2%食盐水浸洗带虫鱼体 15 分钟，或加大食盐剂量，用 3%浓度浸洗 5 分钟，以达到消毒灭虫的目的，抑制发病。

③用敌百虫与食盐混合制成合剂(配比为 1∶10)按每立方米水 3～5 克的浓度，进行全池泼洒，可有效杀灭车轮虫。

④高效鱼用灭虫灵。对鱼体寄生虫防治范围广、作用大、效应强，对生命力强的车轮虫(单独用敌百虫无效)有较强杀灭力。每立方米水体用药 0.5 克，进行全池泼洒，即可收到明显疗效。

12. 小瓜虫病

小瓜虫病又称白点病，属寄生虫性病害，是由小瓜虫大量寄生鱼体而引起的疾病。

(1)为害症状：小瓜虫大量寄生于鱼类体表、鳃等部位，以剥取寄生处组织为营养，往往引起组织增生，故形成外观可见的许多小白点。因此，患鱼表现为肉眼可见体表、鳃、鳍条上布有小白点，鱼体消瘦，严重时病鱼鳃部黏液增多，游泳迟钝，引起大批死亡。刮取白点在显微镜或放大镜下观察，可见许多圆球形虫体，即为小瓜虫。

（2）发病规律：全国各地、各个鱼种均有发生，尤其当水温在28℃以上时，幼虫最易死亡，故高温季节此病较为少见。对高密度养殖的幼鱼危害最为严重，常引起大批死亡。

（3）预防方法

①投放鱼种前，进行清塘处理，用生石灰或漂白粉进行清塘消毒，以杀死小瓜虫包囊及幼虫。

②用石硫合剂（生石灰、硫磺和水比例是 1∶2∶10）全池泼洒消毒防治。注意不能直接单投硫酸铜，因为小瓜虫会受到硫酸铜作用而大量繁殖，起到相反效果。

（4）治疗方法

①每立方米水用 2 克硝酸亚汞浸洗病鱼，水温在 15～12℃以下时，浸洗 2～2.5 小时；水温在 15℃以上时，浸洗 1.5～2 小时。

②辣椒生姜汤：每亩水面水深 0.8 米用辣椒粉 250 克，鲜姜500 克，加水 10 千克熬成辣姜汤，再兑入 15 千克冷水，全塘泼洒，连续 2 天，即可达到治疗效果。

13. 鳋病

由甲壳动物鳋寄生在鱼体上所引起的鱼病。常见的有4 种，寄生在鲢鱼、鳙鱼体表、口腔的叫多态锚头鳋；寄生在草鱼鳞片下的叫草鱼锚头鳋；寄生在草鱼鳃弓上的叫四球锚头鳋；寄生在鲤鱼、鲫鱼、鲢鱼、鳙鱼、乌鳢、金鱼等体表的叫鲤锚头鳋。对鱼类危害最大的为多态锚头鳋。

（1）为害症状：鳋把头部钻入鱼体内吸取营养，使鱼体消瘦。鱼体被鳋钻入的部位，鳞片破裂，皮肤肌肉组织发炎红肿，组织坏死，水霉菌侵入丛生。鳋露在鱼体表外面的部分，常有钟形虫和藻菌植物寄生，外观好像一束束的灰色棉絮。鱼体大量感染鳋时，好像披着蓑衣，故称"蓑衣病"。此病对鱼种的危害最大，一条6～9厘米长的鱼种，有3～5个鳋寄生，就能引起死亡。

(2)发病规律：以秋季流行最严重。

(3)预防方法

①用生石灰带水清塘消毒，可杀灭鳋幼虫以及带有鳋成虫的鱼和蝌蚪等，能有效防治鳋病的发生。

②鱼种在放塘以前，用高锰酸钾溶液浸洗鱼体1.5～2小时，可杀死全部幼虫和部分成虫。

(4)治疗方法

①用90％晶体敌百虫全池泼洒，每立方米水体用药0.5克，隔7天泼洒1次，连续泼洒3次。

②加大池水肥度可杀灭鳋，按每亩平均水深1米施放经发酵过的猪、牛粪300～400千克。

14.三代虫病

三代虫病为三代虫属中的一些种类寄生而引起的鱼病。

(1)为害症状：三代虫主要寄生于鱼鳃、体表。初感病时，患鱼极度不安，行为暴躁，时而水中独窜，时而急剧侧游于塘底，行动逐渐迟钝，继而食欲减退，甚至废绝，鱼体渐渐消瘦。体表及鳃部由于三代虫对组织的大量侵袭取食，出现了一层淡蓝色黏液，逐渐覆盖全身，最后引起体色发黑，口须卷曲，在极度衰竭中死去。镜检可发现鳃丝、鳍条、体表、口须等处布满三代虫。

(2)发病规律：每年在春末夏初季节交替之时，三代虫大量繁殖，寄生于鱼体，引起三代虫病大流行。此病分布极广，各养殖区均有流行，而且很容易在各种鱼群中交叉感染，危害极大。尤其在水体较小、放养密度较大、小草较多或水体污染时，极易暴发流行。

(3)预防方法

①对发病鱼塘进行彻底清理。放养鱼种的池塘，每立方米水用 20 克高锰酸钾液浸洗 15～20 分钟，或用 3%～5%食盐水浸洗 5～10 分钟，以杀死鱼种体上寄生的三代虫。

②严禁将发病鱼塘的水流入别的养鱼水面，防止感染。

(4)治疗方法

①采用高效鱼用灭菌灵，每立方米水用药 0.5～1 克，进行全池泼洒。

②每立方米水用晶体敌百虫(90%)0.5 克，混合 0.2 克食盐制成合剂后全池泼洒。

15. 鲺病

鲺为肉眼可见的寄生虫，成虫、幼虫均营寄生生活，寄生部位为鱼类体表、口腔及鳃部，能感染多种鱼类。

(1)为害症状：鲺侵入鱼体，在寄生部位大量繁殖，并在鱼体上不断活动，来回爬行，并利用鲺体上的倒刺、吸器等刺伤鱼体，吸取鱼血，并分泌毒液，而且一般不会轻易掉落下来。鱼体由于受鲺浸染，表现出极度狂躁不安，身体瘙痒难忍，急剧狂游甚至跃出水面，以期能抖落身上虫体。病鱼食欲受到严重影响，机能也遭到破坏，引起鱼体消瘦，贫血，鱼体表受伤发炎甚至脓肿，进而引起死亡。

(2)发病规律：由于鲺寄主很广，寄生能力很强，所以鲺病流行范围较大，在国内外都是主要的寄生虫性病害。在我国各养殖地都有鲺病发生，但以两广、福建等地最为严重，常引起鱼种大批死亡。鲺的生长繁殖适温为 16～30℃，所以在温暖的南方，一年四季均可发病，而在长江流域及北方，则每年 6～8 月往往是鲺病多发期。除了严重危害 10 厘米以下的幼鱼以外，鲺病也对成鱼构成威胁。

(3)预防方法

①在放养前彻底清塘,消灭塘中残存的病原体,并对投放的鱼苗、鱼种进行消毒。

②每立方米水体用胶体硫(50%胶体剂)进行全池泼洒。

(4)治疗方法

①每亩用10～15千克枫杨树枝或樟树叶,扎成小捆,投入水中,浸泡15～30天,每10天更换1次。

②每亩用10千克马尾松针、10千克苦楝树皮切碎混合煮汁、全池泼洒,每天1次,坚持1个星期。

③每亩水面用野蒿50根,分扎成小捆,散布浸泡在鱼池周围。

④每立方米水体采用高效鱼用灭虫灵1～2克,全池泼洒,每天1次,连续3～5天。

⑤灭蟑灵:每立方米水体用灭蟑灵5克左右,研末后加水溶解,洒入池中,5分钟以后即可杀灭鱼鲺,使之从鱼体上脱落下来。

16. 波豆虫病

本病是由飘游鱼波豆虫引起的鱼病。

(1)为害症状:鱼波豆虫是侵袭皮肤和鳃的寄生虫,当皮肤上大量寄生时用肉眼仔细观察,可辨认出暗淡的小斑点。皮肤上形成一层蓝灰色黏液,被鱼波豆虫穿透的表皮细胞坏死,细菌和水霉菌容易侵入,引起溃疡。感染的鳃小片上皮细胞坏死、脱落,使鳃器官丧失了正常功能,呼吸困难。病鱼丧失食欲,游泳迟钝,鳍条折叠,漂浮水面,不久便死亡。

(2)发病规律:此病在全国各地均有发现,多半出现在面积小、水质较脏的池塘中。青鱼、草鱼、鲢鱼、鳙鱼、鲤鱼、鲫鱼等都可感染,主要危害小鱼,可在数天内突然大批死亡。2龄鱼也常大量感染,对鱼的生长发育有一定影响,而患病的亲鱼,则可把病传给同池孵化的鱼苗。主要流行季节为冬末夏初。

(3)预防方法：鱼种放养前，每立方水体用8克硫酸铜浸洗15～30分钟。

(4)治疗方法

①病鱼池每立方米水体用0.7克硫酸铜与硫酸亚铁合剂(5∶2)全池遍洒。

②发病季节，每500立方水用苦楝叶15千克浸泡，7～10天换1次，连换3～4次。

③每亩1米水深，用阿维菌素15～20克全池泼洒。

17.毛细线虫病

毛细线虫病是由毛细线虫寄生于鱼的肠中而引起的鱼病。

(1)为害症状：虫体以头部钻入宿主肠壁的黏膜层内，破坏肠壁组织，引起发炎，严重时可致死亡。少量寄生，不显症状，感染4条以上虫体，鱼体即消瘦，体色变黑，离群独游，长度1.7～6.6厘米的草鱼、青鱼，平均感染强度达7条时，能引起大量死亡。

(2)发病规律：主要危害草鱼、青鱼，鲢鱼、鳙鱼、鲮鱼也有感染。

(3)预防方法

①彻底干塘，暴晒池底至干裂。

②用漂白粉与生石灰合剂清塘，每立方米水体用漂白粉10克，生石灰120克。

(4)治疗方法：发病初期，可用90%晶体敌百虫，按每千克鱼每天用0.1～0.15克，拌入豆饼粉30克，做成药饵投喂，连喂6天，可有效地杀死肠内毛细线虫。

18.指环虫病

本病由指环虫属中许多种类引起的种寄生虫性鳃病。

(1)为害症状：大量寄生指环虫时，病鱼鳃丝黏液增多，鳃丝全部或部分成苍白色，妨碍鱼的呼吸，有时可见大量虫体挤出鳃外。鳃部显著浮肿，鳃盖张开，病鱼游动缓慢，直至死亡。

（2）发病规律：指环虫病是一种常见的多发性鳃病。它主要以虫卵和幼虫传播，流行于春末夏初，大量寄生可使鱼苗鱼种大批死亡。对鲢鱼、鳙鱼、草鱼危害最大。

（3）预防方法：鱼种放养前，用高锰酸钾溶液浸洗 15～30 分钟，药液浓度是每立方米水 20 克，可杀死鱼种鳃上和体表寄生的指环虫。

（4）治疗方法

①每立方米池水用含 2.5％敌百虫粉剂 1～2 克全池遍洒，疗效很好。

②用敌百虫与面碱合剂全池遍洒，晶体敌百虫与面碱的比例为 1∶0.6，每立方米池水用合剂 0.1～0.24 克，效果很好。

19. 绦虫病

头槽绦虫病是由九江头槽绦虫、马口头槽绦虫等引起的肠道寄生虫病。九江头槽绦虫主要寄生于草鱼、青鱼、鲢鱼、鳙鱼、鲮鱼等肠道内，马口头槽绦虫主寄生于青鱼、团头鲂、赤眼鳟等鱼肠道内。

（1）为害症状：病鱼黑色素增加，口常张开，但食量剧减，故又称“干口病”。严重的病鱼，腹部膨胀，剖开鱼腹，可见肠道形成胃囊状扩张，破肠后，即可见到白色带状虫体聚集在一起。

（2）发病规律：此病主要危害草鱼种。流行地区主要在广东、广西，越冬草鱼种死亡率达 90％，是主要鱼病之一。

（3）预防方法

①彻底清塘，杀灭剑水蚤。

②用含 90％的晶体敌百虫 50 克和面粉 500 克混合做成药饵，按鱼定量投喂，每天 1 次，连喂 6 天。

(4)治疗方法

①每万尾鱼种，用南瓜子 250 克研成粉浆，拌入 0.5 千克米糠投喂，每天 1 次，连喂 3 天。

②每千克鱼用 48 毫克吡喹酮拌饲料投喂 1 次，隔 4 天用同样剂量再投喂 1 次。

20. 弯体病

弯体病又称畸形病、龙尾病(彩图 10)。

(1)为害症状：鱼类发生弯体病的原因有两个方面：一是由于水中含重金属盐类过多，刺激鱼的神经和肌肉收缩所致；二是由于鱼缺乏钙质而产生弯体病。

患弯体病的鱼，主要的症状是身体呈“S”形弯曲，有的病鱼身体有两三个弯曲，有的只尾部弯曲，有的鳃盖凹陷或嘴部上下腭和鳍出现畸形。

(2)发病规律：新开的鱼池，由于土壤中的重金属盐类溶解在水中，所以鱼种患弯体病的较多，养鱼较久的老鱼池，土壤中的重金属盐类大多溶解完了，一般不易发生此病。

(3)预防方法

①新开鱼池先养 1～2 年成鱼，再养鱼苗鱼种。

②加强饲养管理，多喂营养全面的饵料。

(4)治疗方法

①病鱼池经常注入新水，改良水质。

②若缺钙质，在 5 千克豆浆中加 0.5 千克石灰投喂，效果较好。

第二节　空心菜的管理

池塘浮床栽植空心菜的管理主要是空心菜移栽后早期的根部保护和空心菜的采收。

一、空心菜的移植与早期保护

1. 空心菜的移栽

水面移栽空心菜时，如果池塘水较深，可在陆地上扎好浮床、栽植好空心菜后放入水中；如果池塘水较浅，则可在水中进行建造浮床、栽植空心菜。总之，以方便工作人员操作为宜。

空心菜的采收量不仅和池塘的养殖鱼种类有关，还与空心菜栽植的密度有关，密度过高时，若营养供应不足，成品率会降低，产量反而会下降。如果密度过小，菜的营养是充足了，但鱼类排出来的污物处理不完，水质变肥，鱼就会闹病，就达不到水上种植空心菜的目的。生产中发现，要想获得最大的效益，水面栽培空心菜面积不超过水面30%为宜。

移栽前的空心菜是用土育出来的苗（即土生根），移栽到水面上以后土生根要脱落重新再长出水根系来，这个过程至少需要2～3天的时间。在换根的2～3天时间里，菜苗只能靠水上部分的叶片来提供养分，一旦遇上大太阳，就很容易枯萎。因此，为了防止水上蔬菜苗枯萎，最好在阴雨天或傍晚移栽竹叶菜，这样利于苗的生长。

2. 根部保护

空心菜移栽到浮床后，早期根部较纤嫩，易遭鱼类啃咬，所以，空心菜要进行根部保护。1个月以后，空心菜的根部像麻绳一样连在一起，空心菜就不会倒，也不怕风了。

（1）池内不放养草鱼的根部保护：在浮床框架水下部分加设一层网片，网目大小以不漏出空心菜根须为宜。

（2）池内放养草鱼的根部保护：在放养草鱼的鱼塘，不仅要在浮床框架水下部分加设一层网片，在浮台的四周增加一层高度为20～30厘米的防护网，以避免草鱼啃食空心菜根或跳入浮台拽食空心菜叶片，网目目径不得漏出须根为宜。

二、商品空心菜的采收与包装

1. 日常管理

空心菜移栽到浮床上以后，无需再施肥，因为水下鱼的粪便足够做竹叶菜的肥料。水上种植的空心菜很少发生病虫害的现象，尽量不使用农药。如果发现有虫时，可采用手工摘除的方法除虫。

如果发现空心菜长势较弱，则是水体中营养素不足，此时，要把空心菜浮床分散开或转移位置，以便吸收水体中更多的营养素。

2. 采收

空心菜以嫩茎、嫩叶供食，必须分多次采收，且每次采收都要及时，特别是在高温季节，茎叶更易于老化，采收不及时，不仅口感不好，产量也会下降。

移栽到浮床上的空心菜 25～30 天，当苗长到 50～60 厘米高时，就可以开始第 1 次采收。

在采收初期，正值春季，气温常在 25℃以下，可隔 10～15 天采收 1 次；而在旺盛生长的夏季到初秋，则需每 6～7 天采收 1 次；晚秋可隔 10～15 天采收 1 次。第 1～2 次采收时，在茎上留基部 2～3 节，用手掐摘上部嫩梢，以促进分生较多的分枝而提高产量。以后采收只留基部 1～2 节采摘，以防发生分枝过多，枝梢过密，生长纤细降低品质。

在盛收期如劳力紧张，也可在高出水面 3 厘米处用不锈钢刀收割（若用铁刀收割刀口部易出现铁锈）。采收时，只要不损害到空心菜的根部，一般就不会影响它的生长。

水上空心菜的采收次数与所养鱼的数量及投饵量有关，投喂的饵料少，营养元素也较少，蔬菜生势就较弱。正常情况下，1 平方米浮床每次能采收 3.5 千克空心菜，并且可采收到 10 月末。

3. 包装

采收的空心菜要进行挑选，按照大小分装，清除杂物。根据市场需要按重量捆扎成把后，用塑料袋包好空心菜的茎部，可保鲜 7 天左右。

包装好的空心菜，要即时送到市场进行销售。

三、浮床留种

1. 留种

浮床上留种的空心菜，9 月下旬就不要再采收了，让水中的空心菜随意生长，能结种子的品种，可以让其开花结果，种子成熟后，要注意采收。

不能结果的品种，如果要留取种藤作为来年繁殖用，霜降以前，把浮床从水面上拉到岸边，用镰刀割掉空心菜根部，选出健壮茎蔓留种，其他的藤蔓铡碎后可作为喂鸭、鹅的青饲料或铺到岸边地上晒干粉碎后冬天喂牛、羊。但如果用于喂猪，需添加一些精饲料。拉到岸上的框架，要拆解、晒干、收起以备下年使用。

2. 种藤贮藏

贮藏时，可将种藤略微晒干萎缩，放入地窖，保持窖温在 10～15℃，并有较高的湿度即可。

第五章 鱼的捕捞与越冬

在捕鱼前应做好鱼相应的蓄养和运输的准备。淡水鱼产品，大多集中在秋冬起捕上市，有时因过于集中，导致一时难以出手，必须有蓄养的准备，即使运输，启运前也有一段需蓄养。蓄养最常用的是网箱，但蓄养期间应加倍小心，特别要防鱼类应激缺氧等。

第一节 鱼的捕捞与运输

一、捕捞

捕捞分为完全捕捞和轮捕轮放 2 种。

1. 完全捕捞

完全捕捞是将所有鱼类从池塘中集中 1 次捕出，通常采用反复拉网或将池塘排干的方式。在筑堤式池塘，通常用拉网捕鱼，在能排水的池塘，先将水位降低，再拉网捕鱼。

2. 轮捕轮放

轮捕轮放就是分期捕鱼和适当补放鱼种，即根据鱼类生长情况，到一定时间捕出一部分达到商品规格的成鱼，再适当补放鱼种，以提高池塘经济效益和单位面积鱼产量。概括地说，轮捕轮放就是“一次放足，分期捕捞，捕大留小，去大补小。”

(1)成鱼池采用轮捕轮放技术需具备的条件

①年初放养数量充足的大规格鱼种：只有放养了大规格鱼种，才能在饲养中期达到上市规格，轮捕出塘。

②各类鱼种规格齐全，数量充足：符合轮捕轮放要求，同种规格鱼种大小均匀。

③同种不同规格的鱼种个体之间的差距要大：否则易造成两者生长上的差异不明显，给轮捕选鱼造成困难。

④饵料、肥料充足，管理跟上：如果饵料、肥料充足，管理跟不上，到了轮捕季节，因鱼种生长缓慢，就不能达到上市规格。

⑤改革捕捞网具：将网目由10厘米的小目网改为50厘米的大目网，网片的水平缩结系数和垂直缩结系数相近，网目近似正方形。轮捕拉网时，中小规格的鱼种穿网而过，不易受伤，而留在网内的鱼均是个体大的。这样选鱼和操作都较方便，拉网时间短，劳动生产力高。

(2)捕捞时间：夏秋季节捕捞。要求在水温较低，池水溶氧较高的时间进行。一般应在清晨或下半夜拉网，但要选择晴天，天气晴朗时进行，当发现浮头预兆或正在浮头时，严禁拉网捕鱼，傍晚不能拉网，以免引起上下水层提早对流，增加夜间池水的耗氧因子，造成池鱼浮头死亡。

(3)轮捕轮放的方法

①捕大留小：放养不同规格或相同规格的鱼种，饲养一定时间后，分批捕出一部分达到食用规格的鱼类，而让较小的鱼留在池塘继续饲养，不再补放鱼种。

②捕大补小：分批捕出成鱼后，同时，补放鱼种，这种方法产量较“捕大留小”方法高。补放鱼种，视规格大小和生产的目的，或养成食用鱼，或养成大规格鱼种，供翌年放养。如以养鲢鱼、鳙鱼为主的池塘，轮捕次数较多，1年捕7～9次。在4月底至5月初即开始轮捕，以后视水质和鱼的生长情况，每隔20～

30天轮捕1次。轮捕后即补放鲢鱼、鳙鱼，补放的数量大致等于轮捕的数量。补放的鱼种，前期是上半年培养的2龄鱼种，后期是当年培养的10厘米以上鱼种，这批鱼种养至年底则成为供翌年首批放养的大规格鱼种。

二、暂养

捕到的鱼，应尽快放入清水中暂养，否则，鱼鳃中沾满污泥，会很快缺氧死亡，造成经济损失。

三、商品鱼的运输

1. 影响运输成活率的主要因素

影响鱼运输成活率的主要因素为溶氧、温度、水质和鱼体体质等4个方面。

(1)水中溶氧和鱼耗氧率：运输器具中鱼的密度是活鱼运输的关键，而合理的密度又主要取决于水中溶氧的多少和鱼的耗氧率。个体大小不同、季节不同和水温不同，水中溶氧和鱼耗氧率亦不同。春初、秋末和冬季的水温较低，水中溶氧较高，鱼耗氧率较低；夏季、春末和秋初的水温较高，水中溶氧较低，鱼耗氧率较高；个体越大，耗氧率越低。

活鱼运输通常是在较小的水体内装放较多的鱼，因此，要求向水体输送氧气和空气，不断增加水中的溶氧量；要求不断地更换新鲜优质水，以改善水中的氧气状况；要求不停地振动，以加快空气中的氧向水中溶解的速度。例如，运动中的活鱼车厢在水温5℃时每升每小时可向水体中溶解11毫克的氧。

(2)水温与鱼耗氧率：鱼类是变温动物，体温随水温的变化而变化。水温上升，鱼的耗氧率增加；水温降低，鱼的耗氧率减小。随着水温的上升，鱼的活动加强，在较小的运输容器中容易碰伤体表，运输后易引发疾病。因此，应尽可能在低温条件下运输(一般以5～10℃为宜),鱼的运输密度和成活率均较高。

春秋两季鱼类运输的适宜水温为3～5℃,夏季运输的适宜水温为6～8℃,一般以温差不超过5℃为宜。夏季气温太高,可在水面上放些碎冰,使其渐渐融化,达到降低水温的目的。冬季水温太低,要采取防冻措施。

(3)水质:在鱼运输过程中,鱼类会不断地排出二氧化碳,二氧化碳在水中积累过多时就会影响鱼类的正常活动,甚至引起鱼类麻痹死亡。利用敞开式器具运输鱼时,水中二氧化碳的积累浓度不至于危害鱼类。但是,在密封的运输容器(如塑料袋、塑料桶、胶囊和橡胶袋)中,水中二氧化碳的积累常会达到很高的浓度,虽然水中溶氧量达到饱和或过饱和状态,也会对鱼类产生麻痹作用而引起死亡。一般说来,水中二氧化碳对鱼类的危害浓度为每升100毫克以上。因此,在密封容器内运输鱼时,其密度不宜过高,运输时间不宜过长。

在水温较高的夏、秋季运输鱼时,因为鱼体的皮肤会分泌大量的黏液、鱼体会排出大量的粪便和水中原有的有机物质的分解等综合因素,常常消耗水中大量的氧气,从而引起鱼类的死亡。因此,在运输之前,一定要对鱼体进行拉网锻炼,运输时选用清新的含有机质少的水,运输途中,更换相同质量的水,始终保持水中有较高的溶氧量,从而提高鱼运输的成活率。

值得指出的是,在运输途中,一般不更换用漂白粉消毒的自来水,因其中的氯对鱼有毒性。若只有自来水而无其他水源时,应利用事先准备或临时在市场上买到的硫代硫酸钠消除水中的氯后方能使用。消除的方法是:每100千克自来水中加入0.68克市售硫代硫酸钠即可。

(4)鱼的体质:运输鱼类的体质是决定运输成败的关键性因素,要运输的鱼类必须健康、无病、无伤。伤病及体弱的鱼类难以忍受运输过程中剧烈的颠簸和恶劣的水质环境,运输会加剧其伤病，易于死亡。

运输鱼类出池前，须进行拉网锻炼，并集中蓄存于网箱中3～6小时，称为“吊养”，促使其排出粪便和代谢黏液，避免运输过程中代谢产物分解，大量耗氧同时排出大量的二氧化碳，恶化水质环境，降低运输成活率。但由于鱼苗体内贮存能量较少，不宜进行拉网锻炼。运输鱼类至少提前1天停食，使消化道完全排空。具残食习性的肉食性鱼类，应在起运前3～4小时停食，防止其弱肉强食；商品鱼及亲鱼就在运输前3～4天停止投饵，并经拉网锻炼或蓄养。

2.商品鱼运输方法

(1)运输的准备：在运输前，要进行认真地准备，制订科学的运输计划，以保证顺利完成运输任务。

①运输计划：根据运输鱼类的数量、规格、种类和运输的路程等情况，确定运输工具和方法。

②准备好运输工具：主要是交通工具、装运工具及增氧换水设备。检查运输工具和充气装置，以免运输途中发生故障。

③了解途中换水水质：调查了解运输途中各站的水质情况，联系并确定好沿途的换水地点。

(2)运输工具：鱼类运输常用的运输容器主要有塑料袋、橡胶袋、活鱼箱(车)、活鱼船等。

①胶囊、橡胶袋运输：充氧后的胶囊和橡胶袋适宜于成鱼的长途运输。一个长100厘米、宽50厘米的胶囊和橡胶袋可装成鱼5千克左右，运输时间为24小时。

②活鱼箱(车)：活鱼箱是安载于载重汽车上用钢板或铝板焊接而成的特殊容器，容量大，操作简便，非常适于商品鱼的运输。箱内配有增氧、制冷降温装置、水质调控设施与水泵等。

③活鱼船：在水网地区，活鱼船仍然是被广泛用于商品鱼的运输。

(3)运输管理与注意事项

①换水:在运输途中发现鱼有浮头现象时,应及时更换新水,以弥补水中溶氧量的不足。一般换水量不要超过原水量的2/3。换水时动作要轻,操作要仔细,慢慢舀出旧水,徐徐加入新水,切勿直接将新水冲入容器中,防止鱼体受冲击后引起伤亡。换入的水温与原水温相差不能超过5℃。

②击水与充气:在敞开式容器运输过程中,如果途中换水困难时可采用击水和充气的方法增加水中溶氧。采用击水板击水时,不能直接打击水面,而应在水面下作上下均匀地振动。采用充气增氧时,其充气量以能波及全部水量的1/2或2/3为宜,充气过猛,鱼受震昏迷,严重时会死亡。充气的时间也不宜太长,以不浮头为准则。

③应及时清除容器中的死鱼等。

第二节　鱼的越冬

我国北部地区每年都有一定的冰冻期,尤其是东北、西北地区,冬季气候寒冷,冰层厚,封冰期长。生活在人工养殖水域中的鱼类,由于越冬池塘长期冰封,鱼类体质及生态条件的不断变化,给安全越冬带来很大的威胁,影响了越冬成活率。因此,安全越冬是渔业生产的一个重要环节。

1. 越冬池的准备

越冬池的准备包括越冬池的选择、清杂、消毒等内容。

(1)越冬池的选择:选择长方形、东西走向、保水性好,面积10～15亩,淤泥厚度小于20厘米的越冬池。要求越冬池注满水时的水深为3～4米,冰下水深2～2.5米。

(2)清杂:越冬池的清杂,一是清除越冬池内杂物,二是在越冬池注满水前需把池坡上的杂草、杂物清除掉,以防止杂草在越冬期间腐烂、耗氧和恶化越冬水体的水质。

(3)越冬池的消毒：越冬池必须进行严格的药物消毒，以杀死池中的敌害生物、野杂鱼和病原体，改善池底的透气性，加速有机物的分解与矿化，减少鱼病发生。消毒药物最好选用刚出窑的生石灰。

2. 越冬池水的处理

北方地区鱼类越冬池的池水来源多数为原池水和井水2种。

(1)原塘水越冬

①排出老水(排水)：将作越冬池的原塘水排出1/2～2/3，使越冬池平均水深达1米左右。

②净化池水(净水)：越冬池平均水深1米时，每亩用生石灰25～35千克化浆全池泼洒，净化越冬池水(最好在越冬鱼类并池之后进行)，使越冬池水体处于微碱性。

③杀死浮游动物(杀虫)：在封冰期前15～20天，越冬池水用1～2毫克/升的晶体敌百虫杀死池中的浮游动物，尤其是桡足类和轮虫，同时，对池中病原微生物、体外寄生虫有很好的杀灭作用。

④消灭病原菌(灭菌)：越冬池水用晶体敌百虫等药物处理3～5天后，用漂白粉把池水和鱼类进行消毒处理，以便控制和治疗鱼类的细菌性疾病；并进一步消灭水中的病原菌，防止二次感染。

⑤加注新水(加水)：越冬池水消毒3～5天后加注新水(最好选用井水)直至注满为止，使越冬池水深3～4米，冰下水深达2～2.5米。

⑥培养浮游植物(肥水)：在越冬池冰封期前5～10天施入无机肥，促进越冬池水体中的浮游植物的生长。越冬水体平均水深1.5米左右的池塘，每亩施硝酸铵4～6千克、过磷酸钙

5～7千克。北方地区封冰的越冬池禁止施用有机肥。

⑦施用水质改良剂：在越冬池封冰前3～15天内施用水质改良剂，消除越冬池水体中的有害物质，改善越冬期间的越冬水体的水质；还可预防融冰时鱼类出血病和暴发性疾病的发生。最为经济的水质改良剂是沸石粉，施用量为每亩施用15～25千克。

(2)井水越冬：采用井水越冬时要注意井水的含氧量、含铁量和硫化氢的含量。采用井水时要使其曝气增氧，同时，除去井水中的硫化氢，减少对越冬鱼类毒害作用。另外，要注意施入无机肥，平均水深1.5米时，每亩施入硝酸铵5～7千克和过磷酸钙4～6千克，以增加井水越冬的水体肥度。

3.越冬鱼类规格和密度

(1)越冬鱼类规格：一般越冬池鱼种规格要求在10厘米以上，微流水越冬池鱼种规格最好在15厘米以上。

(2)越冬鱼放养密度：越冬放养一般在水温不低于5℃时进行。

①当越冬池冰下平均水深2米以上时，鱼类越冬密度为每立方米为1～1.5千克；冰下平均水深为1.5～2米时，越冬密度每立方米为0.7～0.9千克；冰下平均水深为1～1.5米，有补水条件时，越冬密度每立方米为0.5～0.6千克。

②有效越冬水深1米以上的流水越冬池，越冬密度每立方米为0.5～1千克(越冬体长10厘米的鱼种4万～8万尾/亩，或体重2.5～3.5千克的亲鱼100～180尾)。

③利用天然中小水面越冬时，有效越冬水深1米，包括原有鱼类，每立方米密度不超过0.5千克。

④利用鱼笼或网箱(设置于江河或水库)越冬，每立方米为0.5～1千克。

⑤温室越冬，可根据越冬期间补水、补氧以及供暖条件具体

掌握，一般密度为每立方米 2.5～3.5 千克。

4. 鱼类越冬死亡的原因

鱼类在越冬期间出现死亡，是由于越冬池环境条件差、鱼类本身对不良水环境的适应能力低、越冬期间缺乏管理等多种因素综合作用造成的。因此，必须采取相应的有效措施，预防鱼类越冬死亡，提高越冬成活率。

(1)越冬鱼类规格小、体质差：越冬鱼体长在 10 厘米以下，体内储存脂肪等营养物质少，不够越冬期消耗，造成鱼体消瘦死亡。生产中发现，当年 6～10 克鱼越冬成活率 38%，25～30 克鱼成活率 78%，30～50 克鱼成活率 86%；50 克鱼成活率 94%。试验证实，越冬鱼体长超过 12 厘米，体重 95 克左右为宜。

鱼种体质差，拉网并池过程中，受伤后感染疾病，也是引起越冬死亡的原因之一。北方温水性鱼类越冬，在 100～180 天的越冬期内一般不摄食，维持鱼体代谢的能量主要来源于体内贮存的脂肪，故要求越冬鱼要有中等以上的肥满度。

(2)越冬池耗氧因素多引起缺氧：一般认为越冬水体严重缺氧是引起鱼类死亡的主要原因。如水体清瘦，浮游植物数量少，光合作用产氧量则少；水底淤泥太厚，水中溶解有机物较多，分解消耗大量氧气；水中浮游动物过多，消耗大量氧气；池塘放养密度过大；扫雪不及时或扫雪面积过小，透光度差；底泥中各种生物作用，使硫化氢、甲烷、氨氮等有害气体不断蓄积，导致水质恶化等。

(3)水温太低引起鱼类代谢失调：越冬池长时间水温过低，影响鱼类的中枢神经系统，致其丧失呼吸机能死亡。如鲤鱼在水温突降到 2℃以下时发生麻痹，体表密布黏液，失去活动能力，器官机能发生紊乱，呼吸代谢水平急剧降低。如水温突降到 0.5℃的时间较长时，鱼鳃颜色加深，鳃丝黏结，末端肿大，血液中的红细胞数量也较少。

(4)病害与营养不良:越冬水体中各种病原或其孢子、休眠卵、幼虫等随水温升高而逐渐发育,大量繁殖;越冬前鱼病未治愈;越冬前未杀虫;某些病毒性鱼病在冬末春初易发病等因素均影响鱼类越冬成活率。

越冬前,长期投喂添加促生长剂的饲料,造成体内物质代谢障碍等症状的鱼类,抗应激力低,越冬死亡率高。

此外,饲料配方不合理,其营养成分不能满足鱼类最低维持需要,鱼体免疫功能降低,造成鱼体瘦弱,而体质差的鱼类抵抗疾病和不良环境的能力较差,感染疾病机会增加。鱼体内所蓄积的营养不足,难以保证整个越冬期间的需要,到越冬后期,鱼类就会因为体能消耗殆尽死亡。

5. 提高越冬鱼类成活率技术措施

(1)提高鱼类肥满度:鱼类在越冬前要精养细喂,增加鱼体脂肪的贮存,提高鱼类肥满度。一般饲养较好的鱼,越冬前体内脂肪的贮存可占体重的2%~4%,蛋白质占体重的12%左右。

(2)选择及培育耐低温和耐低氧鱼类品种:有计划选择和培育耐寒的优良品种,以适应北方地区气候严寒、封冰期长的环境条件,提高越冬成活率。

(3)严把消毒和疾病检疫关:严格做好检疫和消毒工作,保证越冬鱼类体健无伤。

(4)减少鱼体损伤:越冬鱼类在出池、入池及运输等操作过程中,要小心操作,减少碰伤。还要减少“挂浆鱼”(因打网次数多,将底泥搅起,使鱼体表和鳃沾满淤泥,呼吸困难且易感染疾病),“挂浆鱼”越冬成活率一般只有30%左右。

(5)改善鱼类越冬的水体环境:改善与创造良好的鱼类越冬环境条件。面积较小的越冬池,应设置挡风设施,降低冰层厚度。渗水严重的越冬池,要采取措施减少渗漏,保障水源供应。对采用地下水越冬浮游植物缺乏的情况,可接种一些藻类,增加光合作用。及时清除冰面积雪，越冬池越冬前应尽可能多贮水，割除池坡杂草。

(6)合理的放养密度：越冬水体的放鱼量，主要依据有越冬水中含氧量的多少，鱼体规格的大小，鱼类种类，越冬水面大小以及管理措施等。同时，还要特别注意越冬池的渗水情况，冰冻最大限度时的有效越冬水面，耗氧因子的多少及越冬期的长短等具体因素的影响。

(7)控制浮游动物的数量：当封冰越冬池发现浮游动物(如剑水蚤数量在 100 个/升以上)较多时，可用 1.2～1.5 毫克/升的晶体敌百虫处理；若出现大量轮虫(数量在 1000 个/升以上)时，用 2 毫克/升的晶体敌百虫处理；若出现大型的纤毛虫，此时，池水溶解氧 4～5 毫克/升以下时，从越冬池中抽出部分底层水，加注井水或临近越冬池含氧量高、浮游植物丰富的水源。

(8)扫雪：越冬水体结冰时应保证出现明冰，若遇雨雪天气，结乌冰时应及时破除，使越冬水体重新结为明冰。无论是明冰还是乌冰上的积雪都应及时清除，使冰下有足够的光照，扫雪面积应占全池面积的 80%左右。扫雪时不要惊动鱼类，以免鱼窜边搁浅。

(9)增氧：越冬池缺氧时，常用打冰眼增氧、注水增氧、循环水增氧、化学药物增氧、生物增氧、充气增氧等方法。

①打冰眼增氧法：在以往的鱼类越冬生产实践中，常用打冰眼方法增加越冬池水中的溶解氧含量。空气中的氧气通过冰眼向水中扩散的速度很慢，打冰眼增氧，仅能做为一种应急措施。

②注水增氧法：这是小型的靠近水源的越冬池和渗漏较大的静水越冬池一种较好的补氧方法，但采用地下水进行补氧时要特别注意水质，必须经过曝气、氧化和沉淀。

③循环水增氧法：在越冬池水量充足或缺少越冬水源的静水越冬池，发现池水缺氧后可采用原池水循环的方法补氧。如

用水泵抽水循环补氧、或利用桨叶轮补氧。补氧应按照“早补、勤补、少补”原则进行，使水温稳定在1℃以上。

④生物增氧法：利用冰下适宜低温、低光照的浮游植物，创造条件促使其大量繁殖进行光合作用制造氧气，补充越冬水体溶解氧含量不足，达到鱼类安全越冬的目的。

⑤化学药物增氧法：当静水小越冬池、温室越冬池发生缺氧时，可采用化学药物增氧法。常用的增氧药物有过氧化钙、双氧水。如向越冬水体施入1千克的过氧化钙，产氧量可达77.8升，并在1～2个月内不断放氧。过氧化钙的施用量，平均水深1.5米的越冬池为7～8.5千克/亩。

⑥充气增氧法：利用风车或其他动力带动气泵，将空气压入设置在冰下水中的胶管中，通过砂滤使空气变成小气泡扩散到越冬池水中，以增加水体中的溶解氧含量。

⑦强化增氧法：强制性地使空气中的氧和水搅拌，向越冬池输送高氧水。如用射流增氧机、饱和式增氧器等，在水泵的水管上接入一个进气管也有增氧的效果。

⑧生化增氧法：使用各种光源促使越冬池水中的浮游植物进行光合作用，增加溶氧量。常常利用碘钨灯、大功率电灯泡等作为光源。

（10）防治鱼病：越冬期间经常观察冰层下鱼类是否有异常或贴近冰层游动现象，要根据情况进行病理检查。若发现有鱼病发生，应选择适当的药物及时进行治疗。如果越冬期间不能将鱼病完全治好，在翌年开春融冰期间要尽早使冰融化，及早分池并进行药物处理，防止引发暴发性疾病。冰封越冬水体杜绝使用硫酸铜，以免影响越冬水体中浮游植物的生物量，造成缺氧。

（11）缩短越冬时间：鱼类越冬的成活率与越冬的时间长短有直接关系，应尽可能缩短越冬期。秋季时越冬鱼类一直喂到停食为止。春季早融冰、早分池、早投喂。早出越冬池，对亲鱼培育和早繁殖也有一定作用，当然，也可提高商品鱼的规格。

(12)融冰期管理：北方地区3～4月份越冬池开始融冰，此季节风大，冷热空气交替进行，造成越冬池水体混浊；再加上鱼类经过整个越冬期的消耗，体能和抗病力均下降；越冬池水质老化，随越冬水体水温升高，水体中病原菌的数量增多，易出现缺氧和鱼病。早春开化后尽快分池处理，将越冬鱼类放养到水质环境良好、密度适宜的鱼池中，进行“早放养、早开食”，提高越冬鱼类的体质。

①防止春季暴发性鱼病的发生：早出池，出池时进行鱼体消毒；放出池水2/3，向池中泼洒药物消毒；当温度回升到5℃时应及时投喂饵料，最好是维生素含量高的鲜活饵料；如不能及时出池，可向越冬池加注1/3的新水；病害防治用药，达到消毒的目的，并使鱼类恢复体表黏液层。

②抵御大风、低温天气：北方地区越冬池开春解冻时，常出现大风，造成浅水池塘水温骤降或水体浑浊，所以，遇寒冷、刮大风天气时，要加注新水，增加池塘水深，或放置防风浪排等。

③及早分池处理：早春越冬池开化后，应及早进行分池处理。及时清除漂浮于水面的死鱼和杂物；水深1米时每亩用生石灰15～25千克全池泼洒，调节水质、降低混浊度、增加透明度；用晶体敌百虫(90%)1～1.2毫克/升或漂白粉(有效氯为30%)1毫克/升全池泼洒，杀灭病原体；适当投喂维生素、蛋白质含量高且易消化的饲料，恢复鱼类体质。

附录一　鱼池空心菜栽培技术操作规程

（安徽省地方标准 DB34/T1419—2011）

本标准按照 GB/T1.1－2009 给出的规则起草。

本标准由安徽农业大学提出。

本标准由安徽省质量技术监督局批准。

本标准由安徽省农业标准化技术委员会归口。

本标准由安徽农业大学、安徽四洋养殖有限公司、铜陵市水产站起草。

本标准主要起草人：祖国掌、郜四羊、陈又新、李振业、张涛、孟妍、方翠云。

1　范围

本标准规定了培植空心菜的水体环境条件、培植空心菜浮台的制作、空心菜品种的选择、种苗的培育、栽种密度、管理、采收等技术要求。

本规程适合于肥水池塘培植空心菜参考。

2　规范性引用文件

下列文件对于本文件的应用是必不可少的。凡是注日期的引用文件，仅所注日期的版本适用于本文件。凡是不注日期的引用文件，其最新版本（包括所有的修改单）适用于本文件。

GB3095－1996　环境空气质量标准

GB4284—1984　农用污泥中污染物控制标准

GB4285　农药安全使用标准

GB/T8321(所有部分)　农药合理使用准则

GB15618—1995　土壤环境质量标准

NY5010　无公害食品　蔬菜产地环境条件

3　水体环境条件

空心菜喜水喜肥，鱼塘栽培空心菜，净化水质，生产优质蔬菜。

培植空心菜的其他条件还必须符合GB15618—1995、NY5010和GB3095—1996要求。

4　浮台的制作

4.1　池内不放养草鱼的浮台制作

四边选用毛竹扎成框架，单个浮台长5～6米，宽1.8米，框架内侧用网片平面缝合，网目大小依不漏出空心菜茎节为宜。

4.2　池内放养草鱼的浮台制作

在已放养了草鱼的鱼塘，空心菜培植浮台四边选用毛竹扎成框架，单个浮台长5～6米，宽1.8米，框架内侧用网片平面缝合，在浮台平面上、下各增加一层高度为20～30厘米的防护网，以避免草鱼啃食空心菜根或跳入浮台拽食空心菜叶片，网目目径不得漏出空心菜茎节。

5　浮台的安装

浮台"一"字形排列固定，每排间隔10米，浮台面积占鱼池面积的30%。

6 空心菜品种

柳叶空心菜、竹叶空心菜等。

7 空心菜培植方法

4～5 月份，采购空心菜植株，摘掉叶片，菜杆 4～5 节剪成段，均匀撒播在浮台网片上即可。若自行培育空心菜苗，提早 1 个月，选择在塑料大棚育苗，待苗长至 10 厘米左右，即可分株插入浮台的网目中。栽插行距 10 厘米，株距为 6～7 厘米。

8 日常管理

初期植入的幼苗或段节在浮台上主要防止风浪推动堆积，苗植入浮台后 5～6 天生根固着于网目就可避免风浪的影响。

水生空心菜虫害较少，一般无需用药。

9 采收

在温度较高的季节，可视空心菜植株生长情况，每隔 10～15 天采收 1 次。从根上部 3～5 厘米处直接剪割。

鱼池培植的空心菜茎叶肥嫩，应及时采收，以免茎秆伸展呈藤状影响产量，生长后期茎叶趋老，可放任生长，用作草鱼饲料，至霜降以前采收完毕。

附录二　绿色食品——水生蔬菜生产行业标准

(NY/T1405—2007)

本标准由中华人民共和国农业部提出。

本标准由中国绿色食品发展中心归口。

本标准起草单位:农业部蔬菜水果质量监督检测测试中心(广州)、黑龙江生物科技职业学院。

本标准主要起草人:王富华、王志伟、李建锋、赵小虎、张冲、杨慧、王旭。

1　范围

本标准规定了绿色食品水生蔬菜的要求、试验方法、检验规则、标志和标签、包装、运输和贮存。

本标准适用于绿色食品茭白、水芋、慈姑、菱、荸荠、芡实、水蕹菜、豆瓣菜、水芹、莼菜、蒲菜、莲子米等水生蔬菜。不包括藕及其制品。

2　规范性引用文件

下列文件中的条款通过本标准的引用而成为本标准的条款。凡是注日期的引用文件,其随后所有的修改单(不包括勘误的内容)或修订版均不适用于本标准,然而,鼓励根据本标准达成协议的各方研究是否可使用这些文件的最新版本。凡是不注日期的引用文件,其最新版本适用于本标准。

GB/T5009.11　食品中总砷及无机砷的测定。

GB/T5009.12　食品中铅的测定。

GB/T5009.15　食品中镉的测定。

GB/T5009.17　食品中总汞及有机汞的测定。

GB/T5009.18　食品中氟的测定。

GB/T5009.33　食品中亚硝酸盐与硝酸盐的测定。

GB/T5009.188　蔬菜、水果中甲基托布津、多菌灵的测定。

GB7718　预包装食品标签通则。

GB/T8855　新鲜水果和蔬菜的取样方法。

NY/T391　绿色食品　产地环境技术条件。

NY/T391　绿色食品　农药使用准别。

NY/T391　绿色食品　化肥使用准则。

NY/T391　绿色食品　包装通用准则。

NY/T391　蔬菜和水果中有机磷、有机氯、拟除虫菊酯和氨基甲酸酯类农药多残留检测方法。

NY/T391　绿色食品　产品抽样准则。

NY/T391　绿色食品　产品检验规则。

NY/T391　绿色食品　贮藏运输准则。

中国绿色食品商标标志设计使用规范手册。

3　要求

3.1　环境及生产资料

产地环境应符合 NY/T391 的规定。生产过程中农药的使用应符合 NY/T393 的规定，肥料使用应符合 NY/T394 的规定。

3.2　感官

样品大小基本均一，新鲜、清洁，异味、冻害、病虫害、机械伤和腐烂等指标按质量计算的总不合格率不高于 5%（对于茭白、蒲菜，横切面上黑点个数超过 15 的产品视为缺陷，计入不合格产品）。其中，腐烂、病虫害为严重缺陷，其单项指示不合格率应小于 2%。

3.3 卫生指标

应符合表 1 的规定。

表 1 绿色食品水生蔬菜产品卫生指标

单位：毫克/千克

序号	项目	指标
1	乐果	≤0.5
2	敌敌畏	≤0.2
3	抗蚜威[①]	≤1
4	溴氰菊酯	≤0.2
5	氯氰菊酯	≤0.5
6	氰戊菊酯	≤0.05
7	百菌清[②]	≤1
8	敌百虫	≤0.1
9	毒死蜱	≤0.05
10	三唑酮	≤0.05
11	多菌灵	≤0.1
12	亚硝酸盐（以 $NaNO_2^-$ 计）	≤4
13	无机砷（以 As 计）	≤0.05
14	铅（以 Pb 计）	≤0.1
15	镉（以 Cd 计）	≤0.05
16	总汞（以 Hg 计）	≤0.01
17	氟（以 F 计）	≤1

注：①仅适用芡实。②仅适用于慈姑。

4 试验方法

4.1 感官

取样量按 GB/T8855 有关规定执行。用目测法进行外形、大小均匀程度、鲜艳、清洁、病虫害、冷害、冻害、腐烂、机械伤等项目的测定。

4.2 限度计算

在 10～20 个单个样品中，称取有缺陷样品的质量，准确计算至 1 克，计算其占所检样品的百分率。如果一个样品同时出现多种缺陷，选择一种主要的缺陷，按一个残次品计算。不合格的百分率按下式计算，计算结果保留一位小数。

$$X = M_1 / M_2 \times 100$$

式中：X——单项不合格百分率，单位为百分率(%)。

M_1——单项不合格样品的质量，单位为克。

M_2——检验批次样品的总质量，单位为克。

4.3 卫生指标

4.3.1 乐果、敌敌畏、抗蚜威、溴氰菊酯、氯氰菊酯、氰戊菊酯、百菌清、敌百虫、毒死蜱、三唑酮按 NY/T761 规定执行。

4.3.2 多菌灵

按 GB/T5009.188 规定执行。

4.3.3 亚硝酸盐

按 GB/T5009.33 规定执行。

4.3.4 无机砷

按 GB/T5009.11 规定执行。

4.3.5 铅

按 GB/T5009.12 规定执行。

4.3.6 镉

按 GB/T5009.15 规定执行。

4.3.7　总汞

按 GB/T5009.17 规定执行。

4.3.8　氟

按 GB/T5009.18 规定执行。

5　检验规则

抽样按 NY/T896 规定执行，检验按 NY/T1055 规定执行。

6　标志和标签

6.1　标志

包装上应标注绿色食品标志，标志的设计使用应符合中国绿色食品发展中心的规定。

6.2　标签

应符合 GB7718 的规定。

7　包装、运输和贮存

7.1　包装

按 NY/T658 规定执行。

7.2　运输、贮存

按 NY/T1056 规定执行。

主要参考文献

[1]唐建清.池塘立体养殖新法.南京:江苏科学技术出版社,2000
[2]张杨宗,谭玉钧.中国池塘养殖学.北京:科学出版社,1989
[3]李德尚.水产养殖手册.北京:中国农业出版社,1993
[4]戈贤平.淡水养殖实用技术手册.北京:中国农业出版社,2005
[5]中国水产科学研究院.淡水养殖实用全书.北京:中国农业出版社,2004
[6]申玉春.鱼类增养殖学.北京:中国农业出版社,2008